高等职业教育智能建造类专业"十四五"系列教材
住房和城乡建设领域"十四五"智能建造技术培训教材

建筑机器人及智能装备技术与应用

组织编写　江苏省建设教育协会
主　　编　解　路　邹　胜
副主编　王　伟　王　婧　李自可
主　　审　周正龙

中国建筑工业出版社

本系列教材编写委员会

顾　　问：肖绪文　沈元勤
主　　任：丁舜祥
副 主 任：纪　迅　章小刚　宫长义　张　蔚　高延伟
委　　员：王　伟　邹建刚　张　浩　韩树山　刘　剑
　　　　　邹　胜　黄文胜　王建玉　解　路　郭红军
　　　　　张娅玲　陈海陆　杨　虹
秘 书 处：
秘 书 长：成　宁
成　　员：王　飞　施文杰　聂　伟

出版说明

智能建造是通过计算机技术、网络技术、机械电子技术、建造技术与管理科学的交叉融合，促使建造及施工过程实现数字化设计、机器人主导或辅助施工的工程建造方式，其已成为建筑业发展的必然趋势和转型升级的重要抓手。在推动智能建造发展的进程中，首当其冲的，是培养一大批知识结构全、创新意识强、综合素质高的应用型、复合型、未来型人才。在这一人才队伍建设中，与普通高等教育一样，职业院校同样担负着义不容辞的责任和使命。

传统建筑产业转型升级的浪潮，驱动着土木建筑类职业院校教育教学内容、模式、方法、手段的不断改革。与智能建造专业教学相关的教材、教法的及时更新，刻不容缓地摆在了管理者、研究者以及教学工作者的面前。正是由于这样的需求，在政府部门指导下，以企业、院校为主体，行业协会全力组织，结合行业发展和人才培养的实际，编写了这一套教材，用于职业院校智能建造类专业学生的课程教学和实践指导。

本系列教材根据高职院校智能建造专业教学标准要求编写，其特点是，本着"理论够用、技能实用、学以致用"的原则，既体现了前沿性与时代性，及时将智能建造领域最新的国内外科技发展前沿成果引入课堂，保证课程教学的高质量，又从职业院校学生的实际学情和就业需求出发，以实际工程应用为方向，将基础知识教学与实践教学、课堂教学与实验室、实训基地实习交叉融合，以提高学生"学"的兴趣、"知"的广度、"做"的本领。通过这样的教学，让"智能建造"从概念到理论架构、再到知识体系，并转化为实际操作的技术技能，让学生走出课堂，就能尽快胜任工作。

为了使教材内容更贴近生产一线，符合智能建造企业生产实践，吸收建筑行业龙头企业、科研机构、高等院校和职业院校的专家、教师参与本系列教材的编写，教材集中了产、学、研、用等方面的智慧和努力。本系列教材根据智能建造全流程、全过程的内容安排各分册，分别为《智能建造概论》《数字一体化设计技术与应用》《建筑工业化智能生产技术与应用》《建筑机器人及智能装备技术与应用》《智能施工管理技术与应用》《智慧建筑运维技术与应用》。

本系列教材，可供职业院校开展智能建造相关专业课程教学使用，同时，还可作为智能建造行业专业技术人员培训教材。相信经过具体的教育教学实践，本系列教材将得到进一步充实、扩展，臻于完善。

江苏省建设教育协会

序　言

　　随着信息技术的普及，建筑业正在经历深刻的技术变革，智能建造是信息技术与工程建造融合形成的创新建造模式，覆盖工程立项、设计、生产、施工和运维各个阶段，通过信息技术的应用，实现数字驱动下工程立项策划、一体化设计、智能生产、智能施工、智慧运维的高效协同，进而保障工程安全、提高工程质量、改善施工环境、提升建造效率，实现建筑全生命期整体效益最优，是实现建筑业高质量发展的重要途径。

　　做好职业教育、培养满足工程建设需求的工程技术人员和操作技能人才是实现建筑业高质量发展的基本要求。2020 年，住房和城乡建设部等 13 部门联合印发了《关于推动智能建造与建筑工业化协同发展的指导意见》，确定了推动智能建造的指导思想、基本原则、发展目标、重点任务和保障措施，明确提出了要鼓励企业和高等院校深化合作，大力培养智能建造领域的专业技术人员，为智能建造发展提供人才后备保障。

　　江苏省是我国的教育大省和建筑业大省，江苏省建设教育协会专注于建设行业人才的探索、研究、开发及培养，是江苏省建设行业在人才队伍建设方面具有影响力的专业性社会组织。面对智能建造人才培养的要求，江苏省建设教育协会组织江苏省建筑业相关企业、高职院校共同参与，多方协作，编写了本套高等职业教育智能建造类专业"十四五"系列教材，教材涵盖了智能建造概论、一体化设计、智能生产、智能建造、智能装备、智慧运维等领域，针对职业教育智能建造专业人才培养需求，兼顾行业岗位继续培训，以学生为主体、任务为驱动，做到理论与实践相融合。这套教材的许多基础数据和案例都来自实际工程项目，以智能建造运营管理平台为依托，以 BIM 数字一体化设计、部品部件工厂化生产、智能施工、建筑机器人和智能装备、建筑产业互联网、数字交付与运维为典型应用场景，构建了"一平台、六专项"的覆盖行业全产业链、服务建筑全生命周期、融合建设工程全专业领域的应用模式和建造体系。这些内容与企业智能建造相关岗位具有很好的契合度和适应性。本系列教材既可以作为职业教育教材，也可以作为企业智能建造继续教育教材，对培养高素质技术技能型智能建造人才具有重要现实意义。

中国工程院院士

前　言

本教材紧扣智能建造发展大趋势，聚焦建筑机器人及智能装备在建筑领域的应用，以"模块、项目、任务"为载体和驱动，引导学生主动了解建筑机器人及智能装备的特点、功能，并掌握操作流程和施工方法，改变了传统的"教师讲、学生听"的被动教学模式，引导学生自发学习、自主操作、探索实践，将大大提高学生的主观能动性。

"建筑机器人及智能装备技术与应用"是一门理论与实践相结合的课程。模块1介绍了建筑机器人及智能装备的基本概念、结构组成、工作原理和关键技术；模块2至模块5从功能上将建筑机器人及智能装备分成结构工程类、装饰工程类、智能测量类及辅助类，并从建筑机器人及智能装备的施工流程、基本组成、设备参数、施工准备、施工工艺控制和维护保养等方面进行详细介绍；模块6对建筑机器人及智能装备的应用前景和限制因素进行了探讨，并对突破路径和技术创新等进行了思考。

本教材中的理论知识均围绕项目和任务展开，对学生的实践操作具有很强的指导性。书中的相关知识点处配置了二维码数字资源，主要为建筑机器人及智能装备的相关视频和习题与思考参考答案等，方便学生在课后进行更深层次探究，拓宽知识视野。

本教材的编写，得到了江苏城乡建设职业学院、中亿丰数字科技集团有限公司、杭州丰坦机器人有限公司、中国建筑第八工程局第三建设有限公司、南京工程学院、益锐（上海）信息科技有限公司、徕卡测量系统贸易（北京）有限公司、冠力科技有限公司等单位的大力支持。

本教材由解路和邹胜任主编，王伟、王婧、李自可任副主编。具体编写分工为：模块1由王伟、于慧慧编写；模块2由解路、邹胜、陈刚、顾临皓、曹石编写；模块3由王婧、黄峰、林晨编写；模块4由司爱民、姚旭编写；模块5由李自可、张可编写；模块6由解路、阚晓伟编写。本教材由解路统稿，南京工业大学周正龙任主审。

智能建造相关教材的开发与设计，是新形势下适应建筑业转型升级人才培养的新尝试。在这项工作中，我们得到了参编作者及其所在单位多方面的支持和帮助，特此致谢。由于编者水平有限，加之时间仓促，书中难免存在疏漏欠妥之处，希望使用本教材的职业院校广大师生提出批评、建议和意见。

编　者

目　录

模块 4　智能测量机器人的应用

模块 6　建筑机器人及智能装备的应用展望和思考

建筑机器人及智能装备概述

建筑机器人及智能装备的基本概念、发展与现状

建筑机器人及智能装备的基本概念
建筑机器人及智能装备的发展与现状

建筑机器人及智能装备的工作原理及关键技术

建筑机器人及智能装备的工作原理
建筑机器人及智能装备的关键技术

项目 1.1 建筑机器人及智能装备的基本概念、发展与现状

教学目标 📖

一、知识目标

1. 了解建筑机器人及智能装备的基本概念；

2. 了解建筑机器人及智能装备的发展与现状。

二、能力目标

1. 能够论述建筑机器人及智能装备的国外发展与现状；

2. 能够论述建筑机器人及智能装备的国内发展与现状。

三、素养目标

1. 理解建筑机器人及智能装备产生的时代背景；

2. 正确认识建筑机器人及智能装备对建筑业发展的意义；

3. 树立科技是第一生产力、人才是第一资源、创新是第一动力的观念。

学习任务 🖥

了解建筑机器人及智能装备的基本概念，熟悉其发展和现状，探索其应用场景。

建议学时 ⌖

2 学时

思维导图

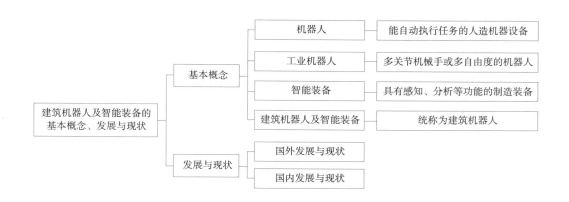

任务 1.1.1　建筑机器人及智能装备的基本概念

任务引入

建筑机器人及智能装备是指用于建筑工程方面的工业机器人及智能装备。随着机器人技术的发展，高可靠性、高效率的建筑机器人及智能装备已经进入市场，可代替人类从事复杂性和危险性较高的施工作业，具备广阔的发展和应用前景。

在了解建筑机器人及智能装备之前，先来了解机器人、工业机器人、智能装备等相关领域的概念及特点。

知识与技能

1. 机器人

（1）一般概念

机器人指能自动执行任务的人造机器设备，用以取代或协助人类工作，一般是机电设备，由计算机程序或是电子电路控制，如图 1-1-1 所示。

（2）概念由来

"机器人"源自捷克语的 Robot 一词，而

图 1-1-1　机器人实物图

捷克语的 Robot 一词最早出现在 1920 年捷克科幻作家恰配克的《罗索姆的万能机器人》中，原文作"Robota"，后来成为西文中通行的"Robot"。但是，作品中描述的并非金属制的机械，而是具有类似人类外形的人造人。

1967 年日本科学家森政弘与合田周平提出："机器人是一种具有移动性、个体性、智能性、通用性、半机械半人性、自动性、奴隶性 7 个特征的柔性机器。"

中文将 robot 译为"机器人"，但实际上 robot 并不一定为人形，无论形状，只要满足定义，皆可被称为"机器人"，而若要专门指代人形的机器人，则被称为"android"，即人形机器人，又称安卓。

2. 工业机器人

工业机器人是面向工业领域的多关节机械手或多自由度的机器人。

工业机器人是自动执行工作的机器装置，是靠自身动力和控制能力来实现各种功能的一种机器。它可以接受人类指挥，也可以按照预先编排的程序运行，现代的工业机器人还可以根据人工智能技术制定的原则纲领行动。

3. 智能装备

（1）一般概念

智能装备指具有感知、分析、推理、决策、控制功能的制造装备，它是先进制造技术、信息技术和智能技术的集成和深度融合。

（2）重点领域

在细分业态方面，重点推进以下领域发展：高档数控机床与基础制造装备，自动化成套生产线，智能控制系统，精密和智能仪器仪表与试验设备，关键基础零部件、元器件及通用部件，智能专用装备等。

4. 建筑机器人及智能装备

（1）一般概念

机器人属于广义上智能装备中"智能专用装备"领域的一部分，建筑机器人及智能装备也可统称为建筑机器人。

建筑机器人是指用于建筑工程方面的工业机器人。随着机器人技术的发展，高可靠性、高效率的建筑机器人已经进入市场，可代替人类从事复杂性和危险性较高的施工作业，具备广阔的发展和应用前景。

（2）重要特点

相较于一般工业机器人的"固定进行操作、物料移动配合"来说，建筑机器人通常是需要移动作业，建筑物是固定被施工的。

因此，建筑机器人在技术要求上也更为复杂，不仅要符合有可移动的灵活性和较大的工作空间，还需要在约束的空间内完成特定的建筑作业工序。

任务实施

通过查阅文献资料，用自己的语言，解释一下建筑机器人及智能装备的优势。

 学习小结

建筑机器人及智能装备的概念从机器人、工业机器人、智能装备，最后发展到建筑机器人及智能装备，定位越来越精准，智能程度越来越高。

任务 1.1.2　建筑机器人及智能装备的发展与现状

 任务引入

了解建筑机器人及智能装备的国内外发展与现状，有助于提高对其发展历史和研究现状的认识，加深对建筑机器人及智能装备代替传统施工方式的大趋势的理解。

 知识与技能

1. 建筑机器人的国外发展与现状

建筑机器人的研究起源于日本，1982 年，日本清水公司的一台名为 SSR-1 的耐火材料喷涂机器人被成功用于施工现场，被认为是世界上首台用于建筑施工的建筑机器人。之后，越来越多的建筑机器人不断问世。美国的 John Deeve 690C 掘进机被用来修复爆炸毁坏的跑道；麻省理工学院的 Trackbot 和 Studbot 被用于墙体内部建设；日本清水公司的多功能行走车（MTV-1）可以修平和磨光混凝土楼板表面，并且能够自动躲避墙壁和立柱；外墙喷涂机器人可以进行外墙中间层以及保护层的自动喷涂，作业效率是人工的 5 倍；日本鹿岛建设株式会社的隧道钻探机可以进行钻探、鼓风、清理以及混凝土的喷浆作业；放射性混凝土切割机器人被用来进行核电站水泥柱的拆除作业；卡内基梅隆大学的机器人挖掘机（REX）可以通过不接触物料的方式挖掘城市地下的公共设施管道，进而保证管道不被破坏；鹿岛建设株式会社的瓷砖检测机器人能够自动敲击瓷砖并分析所产生的声音，同时记录瓷砖的位置信息，最终判断瓷砖的粘接强度。除了日本和美国在进行建筑机器人研究之外，法国、德国、英国、以色列、荷兰、芬兰、丹麦、新加坡等国家也在进行相关领域的研究。如法国的国立机器人人工智能研究所（IIRIAM）和建筑科学技术中心（CSTB）；英国的布里斯托尔工科大学、诺丁汉大学、兰开斯特大学等；

德国的斯图加特大学附属生产自动化研究所（IPA）；以色列的工科大学建筑研究所等。美国 Construction Robotics 公司的 SAM100 砌砖机器人采用半自动化工作模式，是世界上第一款真正投入现场砌筑工程的商用机器人，主要用于配合工人完成砌筑作业，减少了工人的砖料抓举作业，据统计砌砖机器人的墙体砌筑效率比人工提高 3~5 倍，实现高效砌砖目的。澳大利亚 Fastbrick Robotics 公司的 Hadrian109 砌筑机器人可以根据 3D 计算机辅助设计系统绘制的住宅形状和结构实现自动砌砖，能够连续 24h 工作，只需 2 天时间就能建起整栋住宅。韩国机械与材料研究院（KIMM）开发的 WallBot 被用来进行外墙施工，实现墙体粉刷、平整和清洁等作业。瑞典 nLink 公司的 Mobile Drilling Robot 钻孔机器人被用来进行混凝土顶棚的测量和钻孔工作，通过专用 App 设置孔径、孔深等参数，便可在指定位置打孔，能够达到毫米级工作精度。新加坡未来城市实验室联合 ETH Zurich 开发的 MRT 机器人能够完成地瓷砖铺贴作业。新加坡 Transforma Robotics 公司开发的 PictoBot 墙面喷涂机器人、QuicaBot 建筑质量检测机器人目前正在进行真实环境施工测试。美国 Doxel 公司研发了施工监控管理机器人，基于人工智能的计算机视觉软件，根据数据扫描为项目管理人员提供建设项目全程的进度追踪、预算和质量方面的实时反馈，能够将项目的建造效率提升 38%，整体造价降低 11%。

2. 建筑机器人的国内发展与现状

我国在建筑机器人领域的研究起步较晚，目前主要集中在大学和部分研究所，多数也是机器人相关领域的团队在研究。如哈尔滨工业大学研究的遥控壁面爬行机器人，可以完成建筑物或者大型容器的壁面喷涂和检查，山东矿业大学研究出一种煤矿井下喷浆机器人，可以实现自动、均匀、高效作业。河北工业大学研究开发了一种室内板材安装机器人，可以实现竖立面上大理石板材自动高效的干挂安装。

除此之外，还有一些企业也针对建筑领域开发了不同功能类型的机器人，如地面整平机器人、抹平机器人、抹光机器人、墙面喷涂和打磨机器人等。

任务实施

通过查阅相关资料，简要论述建筑机器人及智能装备的发展历史和研究现状。

学习小结

建筑机器人的研究和应用起源于日本，随后在欧美等多个国家开始了大量的研究与应用。目前我国对建筑机器人的研究与应用大多停留在实验室阶段，只有部分企业研发出了建筑机器人及智能装备并进行了相关应用。

知识拓展

码 1-1-1 建筑机器人及智能装备的发展史

习题与思考

一、填空题

1. 机器人指能自动执行任务的人造 _____，用以取代或协助人类工作，一般是 _____，由计算机程序或是 _____ 控制。

2. 工业机器人是面向 _____ 的多关节机械手或多自由度的机器人。

3. 智能装备指具有感知、分析、推理、决策、控制功能的制造装备，它是先进制造技术、_____ 和 _____ 的集成和深度融合。

4. 根据建筑机器人在建筑全生命周期内的使用环节和用途，可以分为 _____ 机器人、_____ 机器人、_____、_____ 机器人及智能装备四大类。

二、简答题

1. 说明机器人的一般概念以及起源。

2. 说明智能装备的一般概念和重点领域。

3. 说明我国建筑机器人的发展现状。

三、讨论题

1. 通过调研，你觉得目前市场上还缺少哪类建筑机器人及智能装备？

2. 结合参观与文献查询，你觉得建筑机器人及智能装备的主要优势是什么？

码 1-1-2 项目 1.1 习题与思考参考答案

项目 1.2 建筑机器人及智能装备的工作原理及关键技术

教学目标

一、知识目标

1. 了解建筑机器人及智能装备的基本组成和基本原理；

2. 了解建筑机器人及智能装备的关键技术。

二、能力目标

1. 能够简述建筑机器人及智能装备的三大部分和六个子系统；

2. 能够简述建筑机器人及智能装备使用到的关键技术。

三、素养目标

1. 理解建筑机器人及智能装备的技术先进性；

2. 正确认识建筑机器人及智能装备与建筑工人之间的协同工作关系。

学习任务

理解建筑机器人及智能装备的工作原理及关键技术，熟悉人机之间的协同关系。

建议学时

2 学时

思维导图

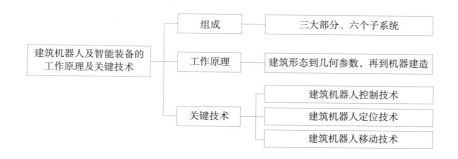

任务 1.2.1 建筑机器人及智能装备的工作原理

任务引入

了解建筑机器人及智能装备的工作原理，才能更安全、更高效地对其进行操作。同时，在维护和修理相关设备时，也需要了解其工作原理，才能快速定位故障并解决问题。本书以建筑机器人为对象进行介绍。

知识与技能

1. 建筑机器人的组成

要了解建筑机器人的工作原理，首先要从建筑机器人的组成开始。建筑机器人主要由三大部分、六个子系统组成。三大部分是：感应器（传感器部分）、处理器（控制部分）和效应器（机械本体）。六个子系统是：驱动系统、机械结构系统、感知系统、机器人环境交互系统、人机交互系统以及控制系统。每个系统各司其职，共同完成了机器人的运作。机器人机械关节如图 1-2-1 所示。

（1）驱动系统

要使机器人运行起来，就需给每个运动构件安置传动装置，这就是驱动系统。

（2）机械结构系统

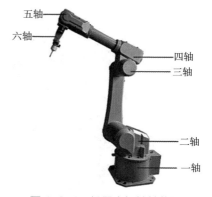

图 1-2-1 机器人机械关节图

建筑机器人的机械结构系统是工业机器人用于完成各种运动的机械部件，是系统的执行机构。系统由骨骼（杆件）和连接它们的关节（运动副）构成，具有多个自由度，主要包括手部、腕部、臂部、足部（基座）等部件，下面以六轴机器人（机器人的轴是指操作本体的轴，属于机器人本身，目前市面上的工业机器人根据应用行业的需求不同，其轴数从一到七居多）为例，介绍建筑机器人机械结构系统的组成。

1）手部

手部又称为末端执行器或夹持器，是工业机器人对目标直接进行操作的部分，在手部可安装专用的工具头，如焊枪、喷枪、电钻、电动螺钉（母）拧紧器、砖块夹取器等。末端可安装工具头的部位被称为法兰（Flange），是机器人运动链的开放末端。

2）腕部

腕部是连接手部和臂部的部分，主要功能是调整机器人手部即末端执行器的姿态和方位。

3）臂部

臂部用以连接机器人机身和腕部，是支撑腕部和手部的部件，由动力关节和连杆组成，用以承受工件或工具的负荷，改变工件或工具的空间位置，并将它们送至预定位置。

4）足部

足部是机器人的支撑部分，也是机器人运动链的起点，有固定式和移动式两种。

（3）感知系统

感知系统由内部传感器模块和外部传感器模块组成，用以获取内部和外部环境状态中有意义的信息。智能传感器的使用提高了机器人的机动性、适应性和智能化的水准。对于一些特殊的信息，传感器比人类的感受系统更有效。

（4）机器人环境交互系统

机器人环境交互系统是实现工业机器人与外部环境中的设备相互联系和协调的系统。

（5）人机交互系统

人机交互系统是使操作人员参与机器人系统控制并与机器人进行联系的装置。该系统归纳起来分为两大类：指令给定装置和信息显示装置部分，如图1-2-2所示。

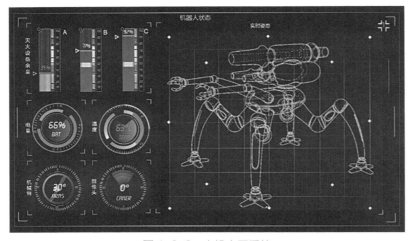

图1-2-2　人机交互系统

（6）控制系统

机器人的控制系统通常是机器人的中枢结构。控制的目的是使被控对象产生控制者所期望的行为方式，控制的基本条件是了解被控对象的特性，而控制的实质是对驱动器输出力矩的控制。

2. 建筑机器人建造的工作原理

（1）从建筑形态到几何参数

建筑机器人主要用于数字化建造。建筑空间从参数几何形式到数字化建造的转化需要依赖于特殊的图解工具。数字化建造加工技术中的铣削弯折、3D 打印等，都需要将几何信息通过图解机制转译为可被建造的机器加工方式。整个转译过程会包含时间进度和建造顺序等多个参数，这些参数可以被机器直接用于定义材料的空间定位以及生产过程，实现全新的从几何到建造的一体化建造模式。

从几何参数向机器建造的转换一般会针对不同的设计原型和建造工具开发出不同的转译工具包，这一过程可以被描述为以下步骤：几何逻辑确立→建造工具选取→几何参数抽离→几何参数转译。

（2）从几何参数到机器建造

建筑机器人依据参数指令，执行具体的空间作业，完成相应的建造过程。

一般情况下，机器人的轴数决定了其空间作业的工作范围和复杂程度，即机器人的自由度。自由度是机器人的一个重要技术指标，它是由机器人的结构决定的并直接影响到机器人的机动性。在坐标空间中，运动维度增量或者围绕某一节点的自由旋转能力都可以被定义为工具的一个轴，一般情况下机器人的自由度等于轴数。

基于它们的加工轴数限制，2 轴工具仅能对平面轮廓进行雕刻，2.5 轴工具可以加工出层叠状的形式结果，而 3 轴工具则可以产生较为圆润的曲面效果。虽然 3 轴工具可以实现工具端在空间中的自由移动，但仍不能完全满足所有的数字加工工作。当面对内凹负形空间雕刻等复杂作业时，工具头则需要更多的轴数来支持工作方向角度的调整。

进而，4 轴、5 轴、6 轴，甚至更多轴数的工具应运而生。其中 6 轴及以上的机器人主要为目前广泛应用于汽车制造业和建筑业等需要多样化作业的数控机器人。

 ## 任务实施

通过参观和查阅资料，用自己的语言对建筑机器人的组成进行概要描述。

 ## 学习小结

建筑机器人及智能装备的结构主要分为三大部分、六个子系统，建筑机器人建造的工作原理为从建筑形态到几何参数，从几何参数到机器建造。

任务 1.2.2　建筑机器人及智能装备的关键技术

任务引入

　　建筑机器人作为机器人专业领域的一个重要分支，其技术体系与机器人一脉相承。建筑机器人使用到的关键技术主要包括控制技术、定位技术、移动技术等。本书以建筑机器人为对象进行介绍。

知识与技能

1. 建筑机器人控制技术

　　机器人控制系统的结构研究始终是机器人学的热点。当前，信息化技术在机器人体系结构研究中的比重逐渐凸显，机器人逐渐向智能控制体系发展。为了实现控制系统的数据与信息流通与共享，现代生产装备通过网络或者工业总线将生产线上各种设备的控制系统连接起来，形成一个综合控制系统。

　　（1）控制系统

　　机器人的控制系统从智能化程度上来看分为三个类型，从低到高分别为程序控制系统、自适应控制系统和人工智能系统。

　　1）程序控制系统

　　给机器人的每一个自由度施加一定规律的控制作用，机器人就可以实现预设的运动轨迹。在程序控制系统作用下，机器人严格按照预设程序来工作，智能化程度最低，如图1-2-3所示。

　　2）自适应控制系统

　　自适应控制系统是指当外界条件变化时，为保证所需的运动效果，或者为了使机器人随着经验的积累而自行调节控制效果，机器人控制系统的结构和参数能随时间和条件自动改变。

图1-2-3　机器人程序控制系统

　　3）人工智能系统

　　无法对机器人运动进行编程，而是在运动过程中根据机器人所获得外部和内部状态信息，实时确定应该施加的控制作用。

（2）协同系统

1）多机器人协同

在建筑领域，复杂的建造任务决定了无法采用单一机器人完成。多机器人协作是建筑机器人发展的重要趋势。早期单工种建筑机器人难以整合建筑建造的上下游工序，对建筑施工自动化的推动作用有限。在汽车、航空航天等制造业领域，多机器人协作技术早已司空见惯。

2）人机协作

人机协作的基本原则是优势互补，恰当分工，实现人和机器都不能独立完成的工作。一般来说，人擅长对问题进行智能化分析解决，如环境感知识别、逻辑推理、决策规划等，而机器人的长处在于可以实现平稳的、高精度的操作。在人机协作中，与其说是机器代替人，不如说是机器加强了人，如图 1-2-4 所示。

图 1-2-4　人机协作过程

人机协同建造在机器人辅助搭建研究中应用广泛。机器人辅助搭建工艺是利用机器人的精确定位和无限执行非重复任务的能力，辅助构件组装和建筑搭建的技术和流程。在当前的技术条件中，机器人负责精确的定位，操作人员负责决定建造顺序和构件连接，是机器人辅助搭建的主要模式。尤其在木结构建造中，螺栓、钉类的连接件往往需要人工植入。这种合作模式也保证了建造过程的安全性。

2. 建筑机器人定位技术

机器人依靠定位与环境感知系统完成定位功能。移动机器人的定位与环境感知系统由内部位置传感器和外部传感器共同组成。

其中，内部位置传感器主要针对机器人自身状态和位置进行检测，可以包括多种传感器类型，例如，可以利用里程计测量机器人车轮的相对位移增量，还可以利用陀螺仪测量机器人航向角的相对角度增量，利用倾角传感器测量机器人的俯仰角与横滚角的相对角度增量，利用精密角度电位器测量摇架转角的相对偏移角度等。外部传感器主要用于构建环境地图，可以采用激光、雷达、摄像头等测量环境中的物体分布，完成环境建图，机器人定位技术如图 1-2-5 所示。

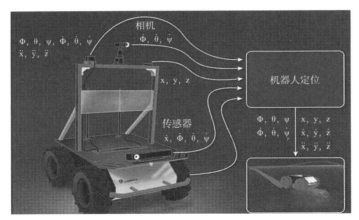

图 1-2-5　机器人定位技术

从定位方法角度而言，移动机器人定位技术可以分为绝对定位（定位出机器设备的绝对位置）、相对定位（定位出机器设备等之间的相互位置）和组合定位。

建筑机器人建造需要根据环境条件的不同采用适宜的定位技术。在工厂环境中，建造环境相对稳定，机器人定位以绝对定位为主，相对定位为辅；而在现场复杂的环境条件下则以相对定位为主，绝对定位为辅。

3. 建筑机器人移动技术

相比于制造业，建筑生产与施工任务不仅对机器人的灵活性有很高的要求，同时也对机器人自身在工作空间内的移动能力提出了要求。

（1）轨道式移动技术

机器人轨道式移动技术主要依赖机器人行走轴，带动机器人在特定的路线上进行移动，扩大机器人的作业半径，扩展机器人使用范围。采用机器人轨道式移动技术可以由一台机器人管理多个工位，降低成本，有效提高效率，如图 1-2-6 所示。

图 1-2-6　轨道式移动技术

（2）平台式移动技术

相对而言，平台式移动技术具备良好的越障功能，可以完成各类复杂环境下的建造任务。移动机器人的行走结构形式主要有轮式移动结构、履带式移动结构和步行式移动结构。针对不同的环境条件选择适当的行走结构能够有效提高机器人效率和精度，如图 1-2-7 所示。

图 1-2-7　平台式移动技术

 任务实施

了解建筑机器人及智能装备的关键技术是科学操作建筑机器人及智能装备的重要前提条件。请通过文献的查阅，了解关于建筑机器人及智能装备的更多技术环节。

 学习小结

建筑机器人及智能装备的关键技术主要为控制技术、定位技术、移动技术，这三种技术决定了建筑机器人及智能装备的智能程度和自动化程度。

知识拓展

码 1-2-1　建筑机器人及智能装备的工作原理

习题与思考

一、填空题

1. 建筑机器人的三大部分是：_____（传感器部分）、_____（控制部分）和
_____（机械本体）。

2. 建筑机器人的六个子系统是：驱动系统、_____系统、感知系统、机器人环
境交互系统、_____系统以及_____系统。

3. 人机交互系统是使操作人员参与机器人系统控制并与机器人进行联系的装置，该
系统归纳起来分为两大类：指令给定装置和_____装置部分。

4. 一般情况下，机器人的轴数决定了其空间作业的工作范围和复杂程度，即机器人
的_____。

二、简答题

1. 简要说明建筑机器人建造的工作原理。

2. 简要说明建筑机器人控制技术的主要内容。

3. 简要说明建筑机器人移动技术的主要内容。

三、讨论题

1. 通过调研，你觉得操作使用建筑机器人及智能装备的主要难点有哪些？

2. 结合参观与文献查询，你觉得建筑机器人及智能装备用到了哪些前沿科技？

码 1-2-2　项目 1.2 习题与思考参考答案

模块 2

结构工程机器人的施工与应用

整平、抹平和抹光机器人的施工与应用

整平、抹平和抹光机器人概述
整平、抹平和抹光机器人的施工准备
整平、抹平和抹光机器人的人机协作
整平、抹平和抹光机器人的施工工艺控制
整平、抹平和抹光机器人的施工安全保障
整平、抹平和抹光机器人的维护和保养
混凝土施工机器人的应用案例

3D 打印机器人的施工与应用

3D 打印机器人概述
3D 打印机器人的施工准备
3D 打印机器人的人机协作
3D 打印机器人的施工工艺控制
3D 打印机器人的施工安全保障
3D 打印机器人的维护和保养

其他结构工程机器人

砌砖机器人

项目 2.1　整平、抹平和抹光机器人的施工与应用

教学目标

一、知识目标

1. 了解传统混凝土的整平、抹平和抹光的施工工艺流程；

2. 了解整平、抹平和抹光机器人的施工流程。

二、能力目标

1. 能够说明整平、抹平和抹光机器人的施工准备、人机协作、施工工艺控制等过程；

2. 能够说明整平、抹平和抹光机器人的施工安全保障、维护和保养。

三、素养目标

1. 能够适应整平、抹平和抹光机器人代替传统施工方式的大趋势；

2. 能够主动探索和研究各类型整平、抹平和抹光机器人的操作原理和施工方法。

学习任务

　　了解整平、抹平和抹光机器人代替传统施工工艺的现状，以及整平、抹平和抹光机器人的施工工艺控制。

建议学时

　　4 学时

思维导图

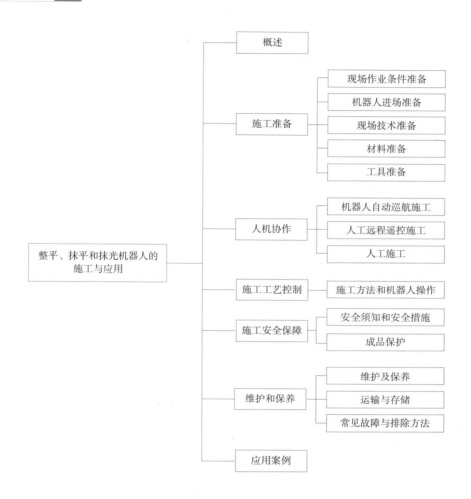

任务 2.1.1 整平、抹平和抹光机器人概述

 任务引入

　　混凝土整平是指对混凝土表面进行处理，使其变得平整、光滑，无明显凹凸不平等缺陷的过程。在混凝土施工中，混凝土整平是非常重要的一个工序，它可以提高混凝土的强度和耐久性，同时也可以提高混凝土表面的美观度和质量。

　　混凝土抹平是指在混凝土表面涂上一层砂浆，然后使用平板压实器将砂浆均匀地压在混凝土表面上，以达到使混凝土表面变得平整、光滑、无明显凹凸不平等的过程。

混凝土抹光是一种表面处理方法，用于将混凝土表面变得更加平滑、均匀和美观。混凝土浇筑完成后，使用特殊的工具和设备对混凝土表面进行抹光，以消除表面的不平整和毛刺。

📱 知识与技能

1. 传统混凝土整平施工工艺流程

（1）清理基层：将混凝土表面的杂物、灰尘等清理干净，以确保混凝土表面的洁净度。

（2）浇筑混凝土：在基层上均匀地浇筑混凝土，注意控制混凝土的密实度和平整度。

（3）振动压实：用振动器对混凝土进行振动压实，使其更加密实和平整。

（4）养护：在混凝土初凝后，进行养护，保持湿润状态，避免表面龟裂。

2. 传统混凝土抹平施工工艺流程

（1）清理基层：将混凝土表面的杂物、灰尘等清理干净，以确保混凝土表面的洁净度。

（2）撒布砂浆：在基层上均匀地撒布砂浆，注意控制砂浆的厚度和平整度。

（3）抹平：用刮板或抹刀将砂浆均匀地涂抹在混凝土表面上，注意控制角度和厚度。

（4）养护：在砂浆初凝后，进行养护，保持湿润状态，避免表面龟裂。

3. 传统混凝土抹光施工工艺流程

（1）清洁表面：首先需要清洁混凝土表面，以确保没有灰尘、油脂和其他污垢。

（2）打磨表面：混凝土达到初凝强度（3.5MPa）后可使用砂纸或砂轮机等设备对混凝土表面进行打磨，以消除表面的凸起和凹陷。

（3）涂敷保护层：在混凝土表面涂上一层保护层，防止表面受到污染、磨损。

（4）再次打磨表面：在保护层干燥后，使用砂纸或砂轮机再次对表面进行打磨，以达到更加光滑和均匀的效果。

4. 整平、抹平和抹光机器人施工工艺流程

（1）准备工作：在施工现场，需要先准备好机器人和振动器等设备。同时，确定需要整平的混凝土表面的范围和高度差。

（2）安装机器人：将机器人放置在需要整平的混凝土表面上，并确保其稳定和安全。根据需要，可以使用支撑架或其他辅助设备来固定机器人。

（3）设置参数：使用控制单元设置机器人的振动频率、振幅和其他参数，以适应不同的混凝土表面和工作要求。

（4）开始施工：启动机器人，让它自动行走到需要平整的区域。振动器开始工作，将混凝土表面振动并整平，直到达到所需的水平度。

（5）检查质量：在施工过程中，可以使用激光扫描仪等工具来检查混凝土表面的平整度和质量。如果需要，可以对机器人的参数进行调整，以优化施工效果。

（6）完成施工：当混凝土表面达到所需的水平度和质量时，停止机器人的工作并清理施工现场。此时，可以对机器人进行维护和保养，以便下次使用。

总之，混凝土整平机器人的施工工艺需要根据具体的工作要求和混凝土表面情况进行调整和优化，以获得最佳的施工效果和质量。

5.整平机器人的基本组成和设备参数

下面以某款国产整平机器人为例，介绍整平机器人的基本组成和设备参数。

（1）整平机器人的基本组成

整平机器人分为机身和整平头，机身的主要作用是驱动整机拖动整平头在摊铺好的混凝土面作业，整平头主要作用是对摊铺好的混凝土进行找平和振捣，如图 2-1-1 和图 2-1-2 所示。

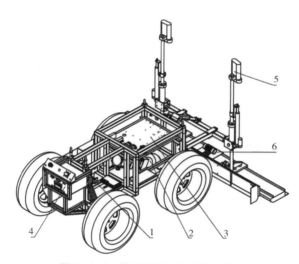

图 2-1-1　整平机器人的功能部件图

1—前轮转向系统；2—后轮驱动系统；3—电控系统；4—电源；5—激光找平系统；6—振捣系统

扫平仪

三脚架

图 2-1-2　激光扫平仪

（2）整平机器人的设备参数

机身主要由前轮转向系统、后轮驱动系统、电控系统、电源组成；整平头主要由：激光找平系统、振捣系统组成。整平机器人设备参数见表2-1-1。

整平机器人设备参数　　　　　　　　　表2-1-1

序号	技术参数	数值
1	整机最大尺寸	2400mm × 2000mm × 1500mm
2	质量	370kg
3	整平宽度	2m
4	激振力	1.8kN
5	驱动方式	电机驱动
6	控制方式	遥控
7	控制范围	200m
8	施工效率	400~600m²/h
9	施工速度	0~0.5m/s
10	连续工作时间	6h
11	额定功率	1775W

6. 抹平机器人的基本组成和设备参数

（1）抹平机器人的基本组成

抹平机器人的功能部件如图2-1-3所示，由抹盘、摆臂、履带、电控柜及遥控器组成。电控柜如图2-1-3（b）所示，有1个开关旋钮，1个急停按钮和1个三色提示灯。

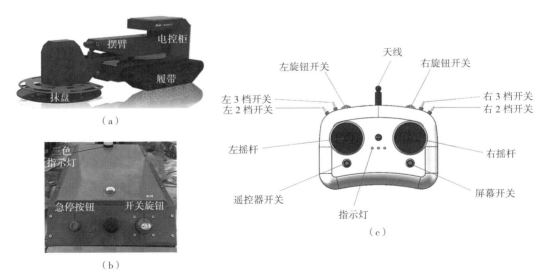

图2-1-3　抹平机器人功能部件图
（a）整机；（b）电控柜；（c）遥控器

开关旋钮控制整体机器的上下电。往右转动按钮，按钮会向外弹出即软件上电；急停按钮控制强电输出给外围模块，主要给电机上下电。三色提示灯分别为绿色运行灯、黄色配置灯和红色告警灯。遥控器如图 2-1-3（c）所示，有 2 个开关按钮和 3 个提示灯。

（2）抹平机器人的设备参数（表 2-1-2）

抹平机器人设备参数

表 2-1-2

序号	技术参数	数值
1	质量	300kg
2	回转直径	880mm
3	抹盘转速	0~150rpm
4	整机尺寸	2200mm × 880mm × 850mm
5	驱动方式	电机驱动
6	控制方式	遥控或者自主导航
7	控制范围	200m
8	施工效率	200~400m²/h
9	施工速度	0~0.75m/s

7. 抹光机器人的基本组成和设备参数

（1）抹光机器人的基本组成

抹光机器人功能部件如图 2-1-4 所示，分为主动机和从动机。主动机的主要作用是驱动整机（即拖动从动机）在混凝土工作面运动。从动机也称工作机，主要作用是对混凝土地面进行施工。主动机主要由机架、防护框、抹刀驱动系统、姿态调整系统、控制系统、电池系统等组成。从动机主要由机架、防护框、抹刀驱动系统、姿态调整系统等组成。主动机的工作原理是通过调整抹刀相对地面角度变化，来控制机器的运动形式（前进、后退、侧移、旋转等）。

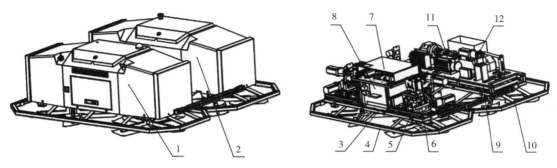

图 2-1-4　抹光机器人功能部件图

1—主动机；2—从动机；3—主动机机架；4—主动机防护框；5—主动机抹刀驱动系统；6—主动机姿态调整系统；7—控制系统；8—电池系统；9—从动机机架；10—从动机防护框；11—从动机抹刀驱动系统；12—从动机姿态调整系统

（2）抹光机器人的设备参数（表 2-1-3）

抹光机器人设备参数　　　　　　　　　　　表 2-1-3

序号	产品分类	四盘抹光机
1	质量	260kg
2	抹刀回转直径	770mm
3	抹盘转速	0~130rpm
4	驱动方式	电机驱动
5	控制方式	遥控或者自主导航
6	控制范围	200m
7	施工效率	300~500m²/h
8	施工速度	0~0.75m/s

 任务实施

请通过查阅文献和复习教材，论述整平、抹平和抹光机器人代替传统施工方式的优点，并简述其基本组成。

 学习小结

整平、抹平和抹光机器人的施工流程与传统施工相比，具有效率高、自动化程度高、施工速度快、施工质量好等优点。

任务 2.1.2　整平、抹平和抹光机器人的施工准备

 任务引入

整平、抹平和抹光机器人的施工流程和施工方法与传统施工相比，体现出了高效率、高质量等优势。

 知识与技能

1. 现场作业条件准备

机器人设备进场前，施工现场需要进行以下准备工作：

（1）根据整平机器人的整平效率及周期，结合现场的实际情况，排布现场施工作业时间和作业路线。

（2）地坪建筑 1m 线引设到位。

（3）地坪抓毛处理到位。

（4）工程施工前，安装管线施工完成等，尤其涉及地面走管。

（5）集水井盖板边框加工完成，角钢底缝隙采用砂浆封堵。

（6）基层顶板干燥、坚实平整，无开裂、空鼓、孔洞、松动等现象，并验收合格，开具隐蔽验收单，具备地坪施工条件。

（7）对内墙涂料、设备管线等保护措施到位，主要采取遮挡、包裹措施，避免地坪施工期间污染。

（8）照明布置到位，光线满足施工要求。

（9）现场布置 220V 充电接口。测量人员在墙面弹出地面顶标高线，整平机器人平整不到位的特殊位置由人工负责平整，同时在结构伸缩缝等空挡处铺好木板等，以便机器人合理规划施工路径，安全快速地进行地面混凝土抹平施工。

（10）根据抹平机器人效率及周期，结合现场的实际情况，排布现场施工作业时间和作业路线，在施工点位附近做好施工工具（激光超平仪、经纬仪、水准仪、放线工具、托线板、靠尺、探针、钢尺等）和水、电、消防各项准备工作，确认好作业路径后即可施工。

（11）混凝土整平、振实后，静停 4h 左右（视气温、混凝土坍落度等具体情况而定），使混凝土处在临界初凝期，其判定方法是：脚踩到混凝土面后下沉 5mm。

（12）在抹平机器人施工前，准备一处样板施工场地，进行样板施工，根据施工图纸设计的要求，鉴定样板施工的标准和质量，记录相关的机器人设置参数以及材料参数等，再根据施工样板的标准进行大面积施工。

2. 机器人进场准备

机器人进场前，施工方应向项目部进行进场报备，完成施工机械设备进场报验流程后，机器人方可进场。

另外，需要提前确认垂直运输的方式，安排好所需的吊装运输设备，如塔式起重机、汽车式起重机、叉车等，从而确认机器人安全、快速地到达施工点位。

确保机器人行走路线无障碍物和大的台阶凸起。履带抹平机可通过转运工装进行转运，将转运工装的斜坡板放下，抹平机遥控行驶至工装上对应位置，整体运输时抹平头需放置在无斜坡板的另一侧。

3. 现场技术准备

（1）认真熟悉图纸和做好图纸会审工作，由技术部门组织相关人员集中确定图纸不明确的地方及某些细部的做法。

（2）编制好材料需用计划和进场计划，并做好材料检验、试验计划。

（3）地坪正式施工前，由技术部门组织相关人员进行技术交底，明确相关分项工程质量、工期、文明施工要求。在施工过程中对方案、交底的实施情况要进行检查。

4. 材料准备

（1）施工一般采用商品混凝土。商品混凝土根据设计的配合比拌制，坍落度要严格控制。由混凝土罐车运至厂房内，将混凝土自卸入模，出料及铺筑时卸料高度必须控制在 1.5m 以内，以免产生离析，若发现离析，应重新搅拌。

（2）材料、成品、半成品等满足质量标准要求，具备材料合格证书并进行现场抽样复试检测，并有复试检测报告。

（3）耐磨材料和养护剂应在混凝土浇筑前到达现场并堆放整齐。

5. 工具准备

施工所需的工具主要有激光水平仪、经纬仪、水准仪、放线工具、托线板、靠尺、探针、钢尺、槽钢、刮杠及其他小型工具等。整平施工主要施工机械、机具见表 2-1-4。

整平施工主要施工机械、机具表　　　　　　　　　　　表 2-1-4

序号	设备名称
1	整平机器人
2	小推车
3	自卸运输车
4	平板振动器
5	混凝土激光平整机
6	4m 长铝合金刮尺
7	橡皮管或真空吸水设备
8	木抹子、铁抹子
9	铁锹

📱 任务实施

通过参观和查阅资料，用自己的语言对整平、抹平和抹光机器人的施工准备进行描述。

学习小结

整平、抹平和抹光机器人的施工准备包括现场作业条件准备、机器人进场准备、现场技术准备、材料准备、工具准备等。做好施工准备，有助于提高机器人的作业效率和施工质量。

任务 2.1.3 整平、抹平和抹光机器人的人机协作

 任务引入

整平、抹平和抹光机器人虽然能完成大部分地坪混凝土施工作业，但是仍有一些作业是难以使用机器人开展的，必须依靠施工人员完成，因此，只有了解哪些施工过程需要人机协作以及如何人机协作，才能真正将整平、抹平和抹光机器人的作用发挥到最大。

 知识与技能

本任务以抹平机器人为例，介绍混凝土施工机器人的人机协作过程。

完整的地坪施工离不开机器人与人工的灵活协作，一般存在机器人自动巡航抹平施工、人工远程遥控抹平施工、人工抹平施工三种情况。

1. 机器人自动巡航抹平施工

抹平机器人具有固定路径自动运行功能。操作人员只需在触摸屏上设置到巡航模式。在此模式下，地面抹平机会根据软件预设的轨迹来行走，从而完成地面的抹平作业，无需再进行人工操作。固定路径是开发人员预设到软件程序中的，如图 2-1-5 所示为其中一种固定巡航路径。

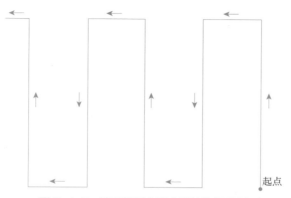

图 2-1-5 抹平机器人固定巡航路径示例

2. 人工远程遥控抹平施工

抹平机器人可由操作人员通过航模控制器来实现抹平施工，这也是施工过程中较为常用的使用场景，操作人员通过操作控制器上的按钮，来控制抹平机前进后退、左右侧移。如图 2-1-6 所示为操作人员使用控制器遥控抹平机器人施工的场景。

图 2-1-6 遥控器遥控抹平机器人

3. 人工抹平施工

实际施工过程中，在墙、柱边角和设备基座等区域，抹平机器人无法深入或需对现有成品部件进行保护而避让，需要人工进行更精细的抹平提浆施工，但人工施工时应确保边角处的地坪平直、无污染、压实均匀，接槎处平顺过渡，处理得当，与大面平整度一致，如图 2-1-7 所示。

图 2-1-7 人工抹平收面

 任务实施

通过参观和查阅资料，用自己的语言对整平、抹平和抹光机器人的人机协作的原因和过程进行描述。

学习小结

整平、抹平和抹光机器人的人机协作过程主要包括机器人自动巡航施工、人工远程遥控施工、人工施工三种。人机协作能够保证边角等区域的正常施工，提高机器人的整体施工效率。

任务 2.1.4 　整平、抹平和抹光机器人的施工工艺控制

 任务引入

整平、抹平和抹光机器人的施工工艺涉及对场地的清理、基层处理、摊铺、养护等多项工序，每一项工序的完成状况均对最终工作面的质量有着重要影响。因此，了解并掌握每一道施工过程的方法，对于整平、抹平和抹光机器人的施工有着很大帮助。

 知识与技能

1. 施工方法

（1）楼层清理

使用地坪清理机对楼层地面进行清理，每块区域楼面基层清理完成后，对已清理完的楼层进行打扫，对打扫时发现的未彻底清理的浮浆、松软混凝土面层进行二次清理。

（2）基层处理

对混凝土基层面较高的部位需要及时用电镐凿除。对于无需凿除的部位，先将地面灰尘清扫干净，然后将粘在基层上的浆皮去掉，用碱水将油污刷掉，最后用清水将基层冲洗干净。

（3）做灰饼

楼层净高是确定灰饼厚度最重要的依据，需要严格按照理论净高来控制灰饼厚度。灰饼施工完成后，施工班组需要将灰饼距离建筑 +1.00m 线的高度值写在较明显处，以便项目部在地坪浇筑前验收时进行复核。

在确定灰饼制作厚度后，在灰饼设置点区域浇水湿润，并使用与地坪施工混凝土相同配合比的砂浆制作灰饼，灰饼约 50mm 见方，纵横间距 1.5m 左右。

（4）放水浸泡基层

在浇筑细石混凝土前一天，将施工区域用木方维护好，洒水湿润基层，使基层充分湿润，提高基层与混凝土的粘结力。

（5）摊铺混凝土

混凝土的摊铺采用纵向分条的方法，纵向分条的宽度与分隔缝同宽。摊铺从端部开始。当混凝土拌合物倒入模内时，卸料要集中、速度慢，虚厚高出模板2cm左右，必要时进行减料或补料工作，纵横断面符合要求。摊铺混凝土时应连续摊铺，不得中断。

（6）整平机器人施工

按照使用说明，进行开机操作，调节机器人标高，移动至作业区内，设定油门推动方向进行整平、振捣。

（7）抹平机器人施工

整平机器人对混凝土整平、振实后，静停4h左右（视气温、混凝土坍落度等具体情况而定），使混凝土处于临界初凝期。按照使用说明，进行抹平机器人开机操作，并移动至作业区，设定油门推动方向进行抹平、提浆、压实。每抹一遍后，要待混凝土表面水分蒸发后再进行下一次抹平。

待整个面层抹平压实，调出原浆后即视为粗抹完成，且粗抹工作应控制在混凝土初凝后不久完成。

抹平后用靠尺进行平整度复核，以保证面层的平整度，在不平整的地方，还需手工修补抹平。

（8）抹光机器人施工

按照使用说明，将抹光机器人移至作业区内，进行开机操作，设定油门推动方向进行抹光。抹光施工从一端向另一端依次进行，不得遗漏，严格按照混凝土浇筑顺利进行抹光，边角及局部抹光机器人抹不到的地方由人工抹光。板块表面有凹坑或石子露出表面，要及时铲毛、剔除、补浆修整，模板边缘采取人工配合收边抹光。抹光时要随时控制好平整度，采用2m靠尺检查。抹光机器人重复上述操作5遍以上，直至混凝土表面完全终凝为止。

（9）养护

混凝土浇筑24h后进行养护，可采取普通覆盖淋水或喷洒养护（视具体工况而定），保证混凝土内外温度小于25℃。待面层施工结束后采用薄膜覆盖并洒水养护7d，同时做好后期防护工作。

（10）切缝

为克服温度变化产生裂缝，需在已浇筑好的混凝土地面上垂直于混凝土浇筑方向用切割机切缝。切缝时间应从严掌握，过早切缝会使石子松动损坏缝缘；过晚切缝困难，且缝两端易产生不规则开裂。切缝适宜的时间为混凝土抗压强度达到6~10MPa时。

2. 整平机器人操作

（1）目录界面

如图2-1-8所示为激光地面整平机器人的遥控器目录界面。

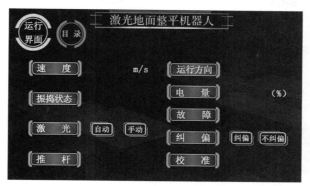

图2-1-8　激光地面整平机器人的遥控器目录界面

1）屏幕显示电量为设备电量，速度为当前油门大小，运行方向为当前设备运行状态，振捣状态为开启或关闭。

2）屏幕上的激光可切换手动调整和自动调整。

3）可切换自动、手动以及显示当前动作状态。

4）纠偏可设置开启或关闭。

（2）运行界面

1）运行界面：点击切换回运行界面（如图2-1-9所示，以下相同地方不再重复说明）。

2）目录：点击切换至目录界面。

3）倾角仪：点击切换至倾角仪界面。

4）激光：点击切换至激光界面。

（3）倾角仪界面

1）在屏幕上点击目录，切换至目录界面。

2）点击倾角仪图标，切换至倾角仪界面。

3）当前角度：整平机器人当前的角度。

4）操作遥控器控制主推杆，使整平机处于水平状态或所需状态，然后设置"0点角

图2-1-9　整平机器人运行界面

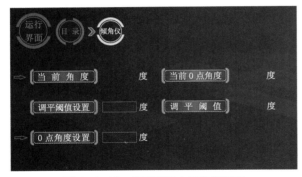

图2-1-10　整平机器人倾角仪界面

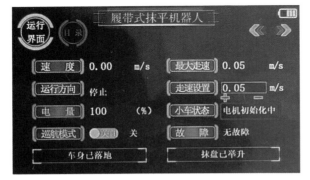

图2-1-11　履带式抹平机器人遥控界面—电机初始化

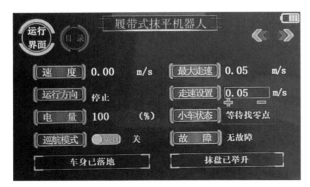

图2-1-12　履带式抹平机器人遥控界面—等待找零点

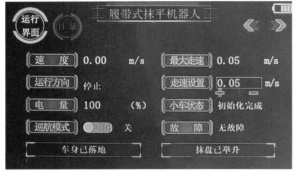

图2-1-13　履带式抹平机器人遥控界面—初始化完成

度设置"（整平机器人主推杆自动模式下依据0点角度来保证整平机器人维持水平）值为"当前角度"（整平机器人当前状态的倾斜角度），如图2-1-10所示。

3. 抹平机器人操作

以某款国产抹平机器人及其自带软件为例，了解抹平机器人的具体操作方法。

（1）初始化抹平机器人

首先检查抹平机急停按钮是否处于弹起状态，若不处于弹起状态旋转至弹起状态。然后打开旋钮开关给抹平机上电。等待3s左右，抹平机上指示灯的红灯亮起。抹平机上电后，摆臂电机、行走电机需要初始化，大约5s，如图2-1-11所示。

电机初始化完成后，指示灯显示为黄色。屏幕上会显示"等待找零点"，如图2-1-12所示。

摆臂的零点限位位于车身直线上，需要让摆臂在手动模式下扫过零点限位，即能完成零点的寻找，完成零点的寻找后，指示灯显示为绿灯。屏幕显示如图2-1-13所示。

（2）遥控器配对

首先确保遥控器电量充足，在遥控器有电的前提下，长按开启遥控器，待遥控器界面出现开机进度条之后选择地面抹平机，进入设置匹配界面。按设置按钮，弹出输入界面，输入设备号后按"输入完毕"按钮，点击"设置"按钮。完成设置后重启遥控器，遥控器会自动连接抹光机。遥控器设置匹配界面如图2-1-14所示。

图 2-1-14　遥控器设置匹配界面

（3）基本运动说明

行进速度可在屏幕上进行设置。

1）右边摇杆向前推，小车向前运动；

2）右边摇杆向左前推，小车向左前运动；

3）右边摇杆向右前推，小车向右前运动。

（4）摆臂工作方式说明

摆臂具有手动及自动两种工作方式。

1）手动工作操作说明

由左遥控杆控制，左摇杆向左推，摆臂向左摆动，左摇杆向右推，摆臂向右摆动，如图 2-1-15 所示。

2）自动工作操作说明

先手动操作，使用左遥控杆将臂摆至工作区域对称一侧的位置，此位置被记录为摆幅，然后打开右 2 档开关将抹盘摆幅切换为自动模式。摆臂会自动左右对称摆动。

（5）抹盘角度方式说明

抹盘角度具有手动和自动两种模式，初始控制模式为自动模式。

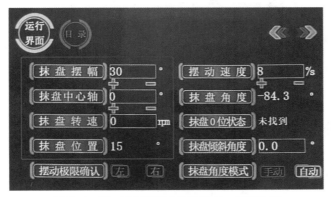

图 2-1-15　抹平机器人遥控界面一摆臂参数

1）手动模式操作说明

①在遥控器屏幕上将抹盘角度控制模式切换为手动；

②滑动左旋钮开关，向左拨动抹盘向上撅起一定角度，向右拨动抹盘向下撅起一定角度。

2）自动模式操作说明

初始为自动模式，如切换过手动模式，需在屏幕上切换为自动模式。滑动左旋钮开关，向左拨动抹盘向上撅起一定角度，松开旋钮开关后恢复。向右拨动抹盘向下撅起一定角度，松开旋钮开关后恢复；当抹盘上升时，抹盘角度会自动跟随，保持设定的水平角度。

（6）抹盘旋转说明

当抹盘放置地上时可开启抹盘旋转，左边二挡开关往上拨，抹盘电机启动，向下拨抹盘电机停止工作。右旋钮开关，向右滑动加快抹盘转速，向左滑动降低抹盘转速。

注意：当抹盘未放置于地面时禁止启动抹盘旋转。

4. 抹光机器人操作

以某款国产抹光机器人为例，了解其工作过程。抹光机分为前后两部分，分为主动机及从动机，需要把两部分连接起来之后才能工作。连接件包括2根连接杆、4个锁紧螺母、4个锁紧轴套和2根连接线，连接件如图2-1-16所示。

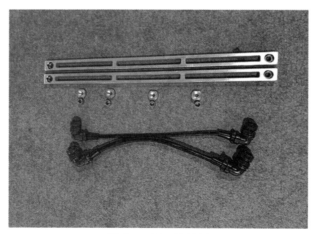

图2-1-16　连接件

（1）机械连接

1）从设备后端的固定支架上取下连接杆，并从设备两侧锁紧位置取下锁紧螺母和锁紧轴套，摆好设备的前后两部分，框架间距控制在1.5cm，开始连接，框架间距如图2-1-17所示。

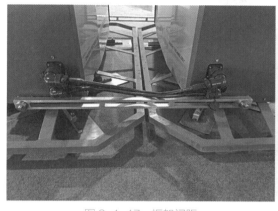

图 2-1-17　框架间距

图 2-1-18　机械连接完成

2）套上连接杆，注意连接杆大口朝外，小口朝内。

3）套上锁紧轴套。

4）套上锁紧螺母。

5）另一侧采用同样的方法连接，机械连接完成如图 2-1-18 所示。

（2）电气连接

1）从设备后半部分的仓内取出 2 根连接线，连接线存储如图 2-1-19 所示。

2）安装连接线 B 线，注意连接线端口上的开口都朝上安装，如图 2-1-20 所示。

图 2-1-19　连接线存储

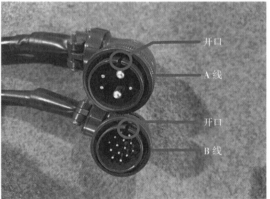

图 2-1-20　安装连接线 B 线

3）安装连接线 A 线，注意连接线端口上的开口都朝上安装。

4）电气连接线安装完成。

任务实施

通过参观和查阅资料，用自己的语言对整平、抹平和抹光机器人的施工工艺和软件操作界面进行概要描述。

学习小结

整平、抹平和抹光机器人的施工流程主要包括楼层清理、基层处理、做灰饼、放水浸泡基层、摊铺混凝土、机器人施工、养护等。这三种类型机器人的运行和控制均通过配套软件来操控，因此，对机器人软件的熟悉有助于高效操控机器人进行施工。

任务 2.1.5　整平、抹平和抹光机器人的施工安全保障

任务引入

整平、抹平和抹光机器人的施工过程中，每个环节都必须按照操作规程进行施工，否则容易导致成品损坏，或者机器出现故障、难以运行等问题。

知识与技能

1. 安全须知

（1）机器人必须由经培训考核合格的专业人员进行操作；

（2）机器人运行时，周边人员必须主动避让，确保安全；

（3）机器人充电必须采用专用配套充电器，不可与其他充电器混用；

（4）严禁在施工现场违规拉接电线给机器人充电；

（5）充电现场做好安全防护，无积水、杂物；

（6）充电过程需有人值守，充满电后及时整理充电现场；

（7）现场清洗不得私自接水、接电，须符合现场安全作业规范；

（8）清洗过程中避免水流溅射到急停按钮、充电口等处；

（9）严禁非授权人员打开产品上盖及主体外壳，以免发生安全事故。

2. 安全措施

除严格贯彻执行国家颁发的《施工现场临时用电安全技术规范》JGJ 46—2005 等各项安全规定外，还应遵守下列安全措施：

（1）工人入场前必须经过安全教育，操作前进行安全交底；

（2）严格执行特殊工种持证上岗教育，操作前进行安全交底；

（3）夜间施工有足够的照明，并派电工跟班作业；

（4）合理布置电源、电线，各种电源线应用绝缘线，并不允许直接固定在钢管和钢模板上；

（5）现场电动机具必须按规定接地或接零，并必须安装触电保护器，现场使用的电箱、闸刀、触保器必须编号，严格按三级保护用电，做到单机单触保器，防止触电事故的发生；

（6）现场机械设备必须定机、定人、定岗，使用前由机电员负责验收工作，机械使用专人操作，定期维护、保养，做好运转记录。

3. 成品保护

（1）提高成品质量保护意识，明确各工种对上道工序质量的保护责任及本工序工程的防护，上道工序与下道工序应用必要的交接手续，以明确各方的责任；

（2）相邻板块施工注意成品保护，其施工间隔应为前期施工板块达到一定强度，一般可为 3~5d；

（3）抹平施工时，操作人员要穿网格鞋，养护期间面层混凝土强度达到 1.2MPa 前，严禁上人；

（4）面层施工结束后，应及时喷洒养护剂，覆盖塑料薄膜，严禁踩踏，养护 7d 后方可掀薄膜，并应有人看管，做好后期防护工作；

（5）当急需进行后续施工时，须在整个楼地面铺满纤维板防护，防止楼地面受损；

（6）禁止在已完工的楼地面上拖运钢筋、拌合砂浆、调制油漆等，防止地面污染受损。

 ## 任务实施

通过参观和查阅资料，用自己的语言对整平、抹平和抹光机器人的施工安全要求进行概要描述。

 ## 学习小结

整平、抹平和抹光机器人的施工安全保障主要包括工作环境安全、人员操作安全、作业规范等内容。做好施工安全保障，才能防止机器人在施工过程中发生安全事故。

任务 2.1.6　整平、抹平和抹光机器人的维护和保养

任务引入

　　整平、抹平和抹光机器人的维护和保养在其日常使用过程中很容易被忽略，进而导致机器人内部被污染、堵塞，甚至造成机器人效率低下，严重者可能导致机器人损坏。因此，对机器人的维护和保养是保证机器人工作效率和使用寿命的重要内容。

知识与技能

1. 维护及保养

（1）维护保养人员要求

1）负责机器人维护保养的人员需要熟悉机器人基本原理与基本结构组成；

2）需要熟悉设备维护保养手册中的相关内容；

3）需要参加机器人使用维护专门培训并通过相应考核。

（2）维护内容

1）日常维护：以整平机器人为例，其日常维护清单见表 2-1-5。

整平机器人日常维护清单　　　　　　　　　　　　　　　　表 2-1-5

检查项	序号	检查标准	备注
日常维护	1	检查机器人作业面是否有裸露的钢筋、石子等其他障碍物	
	2	检查刮板工作面磨损程度以及是否有残留异物（如干混凝土块）	
	3	检查振捣板工作面是否有混凝土残留	混凝土残留会影响下一次作业效果
	4	检查整平头连接处的橡胶减振器是否有老化开裂现象	老化开裂需及时更换
	5	检查电池状态显示是否正常，机器人本体及遥控器电池电量大于等于50%	
	6	检查驱动功能是否正常	
	7	检查转向功能是否正常	

2）定期维护：以整平机器人为例，其定期维护清单见表 2-1-6。

整平机器人定期维护清单　　　　　　　　　　　　　　　　表 2-1-6

检查项	序号	检查标准	备注
定期维护	1	检查实心胎橡胶是否有老化现象	
	2	检查充气胎胎压是否正常	
	3	检查吊装点是否牢固	

2. 运输与存储

（1）整平机器人转运

　　整平机器人短距离转运可通过自身行走；长距离运输建议使用转运工装。首先，将转运工装的斜坡板放下，整平机器人遥控行驶至工装上对应位置，整体运输时整平头需在斜坡板另一侧。轮胎卡在对应位置后，用涤纶绑扎带或其他绳子捆住对角两轮，确保整平机与工装紧密连接。整平机器人转运示意图如图 2-1-21 所示。

　　电梯转运整平机器人时，根据实际情况可将机身与整平头拆分转运，如图 2-1-22 所示。

图 2-1-21　整平机器人转运示意图

图 2-1-22　电梯转运整平机器人拆分示意图

（2）整平机器人吊装

1）整平机器人吊装转运，需准备 2~3 根吊带，将吊带从吊环孔穿过即可吊装。

2）吊装过程应平稳缓慢，落地时不得快速着地致使整机大力撞击地面。

（3）整平机器人存储

1）设备存储必须满足的环境条件：储存温度：-10~60℃；湿度：25%~90%。

2）机器人存储地点应便于运输，便于充电、清洗，不妨碍其他工序施工作业；若在施工现场露天临时存放，需用雨布遮盖；若要长期存放，则需选择干燥、防潮的室内。

（4）抹平机器人转运

　　履带抹平机器人可通过转运工装进行转运，将转运工装的斜坡板放下，抹平机器人遥控行驶至工装上对应位置，整体运输时抹平头需放置在无斜坡板的另外一头，如图 2-1-23 所示。

（5）抹平机器人吊装

1）抹平机器人吊装转运，需准备 2~3 根吊带，将吊带从吊环孔穿过即可吊装。

2）吊装过程应平稳缓慢，落地时不得快速着地致使整机大力撞击地面。

3）吊装作业现场管理及操作流程参考《特殊作业安全规范》《建筑施工安全技术统一规范》中的规定执行。

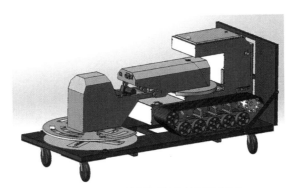

图 2-1-23 抹平机器人转运示意图

（6）抹平机器人存储

设备存储必须在下列范围的环境条件：

1）储存温度：−10~60℃；

2）湿度：2%~9%。

抹平机器人的其他存储条件同整平机器人。

（7）抹光机器人转运

抹光机器人短距离转运和长距离运输均通过移动转运工装（抹光机器人拆分运输）。首先，将四根相同尺寸的型材穿过抹光机器人固定孔；再次，将抹光机放置在转运工装上；最后，安装固定销，抹光机器人转运示意图如图 2-1-24 所示。长距离运输需用绑带扎紧。

图 2-1-24 抹光机器人转运示意图

（8）抹光机器人吊装

1）抹光机器人主动机与从动机分别进行吊装转运，主动机与从动机均已配置固定孔，准备两根吊带，将吊带从固定孔穿过即可吊装；

2）降落着地过程应平稳缓慢，不得快速着地致使抹刀组件大力撞击地面；

3）吊装作业现场管理及操作流程参考《建筑施工安全技术统一规范》GB 50870—2013 中的规定执行。

（9）抹光机器人的电梯转运

货梯内部最小尺寸：长 2200mm，宽 1200mm。

（10）抹光机器人的存储

设备存储条件同整平机器人。

3. 常见故障与排除方法

以整平机器人为例，介绍其常见故障与排除方法，见表 2-1-7。

整平机器人常见故障与排除方法

表 2-1-7

序号	故障内容	原因及排除方法
1	电机故障	1. 可能原因为电机断电或通信线脱落。如为电机过载断电导致，重启整平机器人可清除故障。 2. 电机内部故障：表示电机自身出现问题，可以尝试重启整平机器人
2	遥控器故障	1. 遥控通信故障：遥控器没有配对成功，请重新配对。 2. 遥控数据错误：遥控接收器数据错误，可能是由于接收器损坏导致。尝试更换遥控重新配对
3	电池故障	1. 电池通信故障：检查电池通信线，正确连接后重启整平机器人。 2. 电池过温故障：电池温度过高，请关闭整平机器人，待电池温度降下来后再使用。 3. 电池电量过低：电池电量不足，请进行充电
4	倾角仪通信故障	倾角仪断电或通信线掉落，检查线路，确认没问题后尝试重启整平机器人
5	激光通信故障	激光接收器通信丢失，查看接收器是否处于工作状态，检查线路，确认通信线路没有问题后可尝试重启整平机器人

 任务实施

通过参观和查阅资料，用自己的语言对整平、抹平和抹光机器人的维护和保养事项进行概要描述。

 学习小结

整平、抹平和抹光机器人的维护和保养包括维护保养人员要求、日常维护、定期维护、转运、吊装、存储等内容。做好维护和保养工作，有助于提高这三种类型机器人的工作效率和使用寿命。

任务 2.1.7 混凝土施工机器人的应用案例

 任务引入

混凝土施工机器人的应用主要集中于整平、抹平、抹光方面，对应用案例的了解有助于更快地熟悉混凝土施工机器人的施工流程和操作方法。

 知识与技能

1. 案例基本信息

苏州某建筑项目，总建筑面积近 21.27 万 m^2，总投资 15.97 亿元。该项目采用国内某公司自主研发的激光整平机器人、抹平机器人和抹光机器人进行施工，作业点位于地下室顶板，作业面积为 $1100m^2$，施工内容为混凝土浇筑后机器人整平、抹平、抹光。

2. 工作面原始状态

混凝土浇筑完以后人工初摊平，确保混凝土表面初步平整，满足整平机器人作业要求。混凝土浇筑如图 2-1-25 所示。

3. 机器人施工过程

该项目使用了整平机器人、抹平机器人和抹光机器人，如图 2-1-26、图 2-1-27 所示。

图 2-1-25 混凝土浇筑

图 2-1-26　整平机器人施工效果

图 2-1-27　抹平机器人施工效果

整平作业结束后 2~8h，待混凝土表面初凝，混凝土强度达到 1.2MPa 以上后则满足抹平机器人作业要求，作业时判断方法是人踩上去脚印下陷 1cm 即可。整平机器人施工之后的地面状态如图 2-1-28 所示。

图 2-1-28　整平机器人施工之后的地面状态

抹平作业结束后 0.5~3h，混凝土初凝强度达到 3.5MPa 以后即满足抹光机器人作业要求，作业常用判断方法是用手指压按无明显压印即可。抹平机器人施工后的地面状态如图 2-1-29 所示。

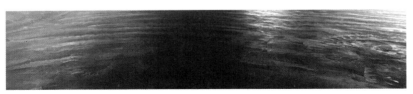

图 2-1-29　抹平机器人施工后的地面状态

4. 混凝土机器人施工后状态

混凝土表面误差小于 ±2mm，整体施工效果和质量比人工高，符合施工质量要求。抹光机器人施工后效果如图 2-1-30 所示。

图 2-1-30　抹光机器人施工后效果

 任务实施

通过参观和查阅资料，举例说明整平、抹平和抹光机器人的应用过程和注意事项。

 学习小结

整平、抹平和抹光机器人已经在国内某些建筑工程项目中得到应用，通过工作面施工前后状态的对比，可以发现，混凝土施工机器人的施工质量明显优于传统人工施工质量，且效率高。

知识拓展

码 2-1-1　地面找平机器人及其发展概况

习题与思考

一、填空题

1. 根据整平机器人的整平效率及周期，结合现场的实际情况，排布 _____ 和 _____。

2. 整平机器人在处理边角等难以整平的部位时，需要进行 _____ 协作。

3. 在浇筑细石混凝土前一天，将施工区域用木方维护好，洒水湿润基层，使基层 _____，提高基层与混凝土的粘结力。

4. 书中某款国产抹光机器人的连接件包括 _____ 根连接杆、_____ 个锁紧螺母等。

二、简答题

1. 整平机器人进场前需要做哪些条件准备？

2. 抹平机器人的施工流程是什么？

3. 简述混凝土施工机器人对维护保养人员的要求。

三、讨论题

结合参观现场与文献查询，你觉得整平、抹平和抹光机器人在使用过程中有哪些注意事项？

码 2-1-2　项目 2.1 习题与思考参考答案

项目 2.2　3D 打印机器人的施工与应用

教学目标

一、知识目标

1. 了解 3D 打印机器人的施工准备和人机协作；

2. 了解 3D 打印机器人的施工工艺控制和施工安全保障；

3. 了解 3D 打印机器人的维护和保养内容。

二、能力目标

1. 能够理解 3D 打印机器人的施工准备事项和人机协作过程；

2. 能够掌握 3D 打印机器人的施工工艺控制过程；

3. 能够叙述 3D 打印机器人的施工安全保障和维护保养事项。

三、素养目标

1. 能够适应 3D 打印机器人代替传统建造方式的大趋势；

2. 能够自主学习和探索不同类型 3D 打印机器人的工作原理和操作方法。

学习任务

掌握 3D 打印机器人的施工工艺流程、施工安全保障、维护和保养。

建议学时

4 学时

思维导图

任务 2.2.1　3D 打印机器人概述

任务引入

　　3D 打印机器人是一种能够使用混凝土、钢等材料进行建筑制造的机器人设备。结构工程所使用的 3D 打印机器人主要由打印机头、计算机控制系统、传送带、构造支撑等装置组成。它可以根据设计图纸进行精准的建筑结构件打印，实现建筑物的整体打印制造。

知识与技能

1. 传统混凝土浇筑施工工艺流程

本书以墙柱混凝土浇筑为例，介绍传统混凝土浇筑施工的工艺流程。

（1）准备工作

进行现场勘测和图纸确认，确定施工位置、混凝土投料口和排水口的位置。

（2）模板和钢筋加工

按照设计图纸的尺寸和要求制作墙柱模板，然后固定在预计位置上，再根据施工需求安装预先加工好的钢筋，构造混凝土墙柱的主体骨架。

（3）混凝土投放

混凝土由混凝土搅拌车运送到施工现场，沿预定的投料口进行投放，同时进行混凝土振动和压实，以排出空气并使混凝土均匀填满整个模板。

（4）等待干燥和养护

通常在墙柱混凝土充分干燥后，再进行后续施工工序施工。

（5）拆除模板

混凝土浇筑养生完毕后，通常是在墙柱混凝土浇筑完 24h 后开始模板拆除工作。

（6）后续工序

墙柱混凝土浇筑工序完成后，对墙柱的构造尺寸等进行检测，并进行施工验收。

2. 传统钢结构构件施工工艺流程

对于钢结构建筑，主要有多高层建筑、大跨屋盖结构、工业厂房等结构形式，其中以工业厂房为常见建筑，因此，下面以工业厂房为例介绍其主要施工过程，具体如下：

材料准备→进厂下料→构件制作→检验校正→预拼装→除锈→刷防锈漆→成品检验编号→构件运输和堆放→预埋件复验→钢柱吊装→钢梁吊装→檩条、支撑系统安装→主体初验→刷面漆→屋面板安装→墙面板安装→门窗安装→验收。

通过以上流程也可以看出，与混凝土结构相比，钢结构施工流程相对复杂，且多为预制构件，要求较高，因此对部分关键内容进行详细讲解。

（1）构件制作

1）钢材、钢铸件的品种、规格、性能等应符合现行国家产品标准和设计要求。

2）钢结构连接采用高强度大六角头螺栓连接副、扭剪型高强度螺栓连接副、钢网架用高强度螺栓、普通螺栓、铆钉、自攻钉、拉铆钉、射钉、铆栓、地脚铆栓等紧固标准件及螺母、垫圈等标准配件，其品种、规格、性能等应符合现行国家产品标准和设计要求。高强度大六角头螺栓连接副和扭剪型高强度螺栓连接副出厂时应分别随箱带有扭矩系数和紧固轴力（预拉力）的检验报告。

3）焊工必须经考试合格并取得合格证书。持证焊工必须在其考试合格项目及其认可范围内施焊。

4）设计要求全焊透的一、二级焊缝应采用超声波探伤进行内部缺陷的检验，超声波探伤不能对缺陷作出判断时，应采用射线探伤，其内部缺陷分级及探伤方法应符合现行国家标准的规定。

5）钢柱、钢梁腹板下料时应注意截面尺寸的变化，应在两端留有加工余量。

6）柱、梁的主要焊缝采用埋弧自动焊接，焊接顺序要按焊接工艺要求的顺序执行。

7）制孔时，所有连接板、节点板必须配对钻孔，制孔精度应符合规范的要求。

8）防腐涂装：采用抛丸除锈，达到设计要求。构件表面不应误涂（特别是摩擦连接面）、漏涂，涂层不应脱皮和返锈等。涂层应均匀，无明显皱皮、流坠、针孔和气泡等。

9）构件出厂前要进行检验和编号，编号时一般要标注轴线列号，超重超长构件有时还要标注重量和起吊重心位置。

（2）构件运输和堆放

1）要事先勘查道路，选择运输车辆型号，对运输不便的构件，采用现场拼装的方式施工。装卸时对容易变形的构件，要采取一定的措施。装卸时要保护构件的油漆面。

2）堆放场地要坚实、平整，排水良好。

3）构件不能直接置于地上，要垫高 200mm 以上，平稳地放在支座上，支座间的距离，应以不使构件产生残余变形为限。

4）构件的堆放位置，应考虑现场安装的顺序。

（3）钢构件的安装

1）复核预埋螺栓的规格、定位尺寸、标高、露出长度等，确认预埋件混凝土的龄期。对照图纸，查验核对现场构件编号与设计的一致性，防止错装。

2）勘查作业现场，确定吊车行走路线，制定吊装实施方案。安装高强度螺栓时，螺栓应能自由穿入孔内，不能随意扩孔，高强度螺栓不能替代临时螺栓使用。

3）选用轮式起重机作为吊装机械。

4）钢柱采用一点或两点起吊，就位后临时固定，经校正后最终固定。钢梁采用两点起吊法，吊装前应事先确定吊点，并进行试吊，以保障其稳定性。钢梁吊装后进行临时固定，安装水平支撑后，经复核垂直度后最终固定。

5）整体框架安装完毕后，应当对已经安装的框架再作一次检查，确认所有构件的安装的正确性，连接件是否都已紧固，整体弯曲度是否在规范规定的偏差以内。

6）钢框架经核对无误后，应由土建施工单位配合及时浇筑柱底板混凝土，该混凝土应为膨胀混凝土。

3. 3D 打印机器人的施工工艺流程

本书以墙柱混凝土施工为例，介绍通过 3D 打印机器人进行自动化施工的主要流程。

（1）设计墙柱结构

根据施工图设计，对墙柱进行结构和尺寸信息提取，通过 3D 打印机器人配套软件进行模型构建，生成 3D 模型；对于采用 BIM 技术进行智能化设计的施工项目，也可以直接导入 BIM 中对应墙柱部位的 3D 模型。

（2）打印机器人参数设置

根据设计模型和现场施工条件，对 3D 打印机器人进行参数设置，包括打印层高、速度、温度、喷嘴大小等。

（3）打印材料准备

准备混凝土材料、添加剂和润滑剂等。

（4）打印路径规划

根据设计模型，对墙柱打印路径进行规划，确保墙柱打印的方向和跨度符合设计要求。

1）生成初始路径。在生成路径时，需要考虑混凝土流动的性质、路径的连续性和打印的速度等因素，以保证打印效果。

2）对路径进行优化调整。在生成的路径中，有些路径可能会出现交叉、超出打印范围或打印效果不理想等问题。因此需要利用优化算法对路径进行优化，使其更加规整和有效。

（5）开始打印

根据预设参数和路径规划，启动 3D 打印机器人进行墙柱混凝土打印。机器人采用喷头喷涂混凝土材料，自动完成墙柱加工。

（6）养护

完成墙柱混凝土打印后，需要进行养护，以便混凝土充分干燥和硬化。

（7）敲打墙体

打印墙柱的表面可能存在气泡等缺陷，需要进行敲打和清理，统一墙面质量。

4. 混凝土 3D 打印机器人的结构组成和功能参数

（1）3D 打印机器人的结构组成

3D 打印机器人根据作业需求和生产厂家的不同，结构组成会存在一定程度的差异，但基本的核心结构组成包含以下部分。

1）机器人臂

机器人臂是 3D 打印机器人的核心部件，通常由多个舵机组成的横臂机构和垂直臂构成。机器人臂的结构需要满足高强度、高刚性和高精度等要求。

2）粉料供给系统

粉料供给系统用于为 3D 打印机器人提供打印材料，通常以砂浆、水泥等为主。供给系统通常由输送带、储料仓、输送管道和温度控制系统等组成。

3）控制系统

3D 打印机器人需要依靠控制系统进行精确运动控制和路径规划。控制系统通常由控制器、传感器等组成，能够实现精密度达毫米级的运动定位控制。

4）手持控制器

手持控制器用于人工控制 3D 打印机器人的运动、精度、速度等参数。通常使用手持遥控器、电脑软件等进行操作。

5）传感器

3D 打印机器人通常需要采用一定的传感器技术，以实时监测机器人所在位置、精确度和材料使用情况等信息。

6）操作员平台

操作员平台是 3D 打印机器人的控制中心，其操作员可以实时监测和控制机器人的运动状态和打印过程。

（2）3D 打印机的类型与功能参数

现以某国产品牌为例，介绍目前 3D 打印机的基本类型与工作参数，如图 2-2-1 和图 2-2-2 所示。

图 2-2-1 实验室混凝土（砂浆）3D 打印机器人

图 2-2-2 大型框架式建筑 3D 打印机器人

1）实验室混凝土（砂浆）3D 打印机器人

该 3D 打印机器人的功能参数见表 2-2-1。

实验室混凝土（砂浆）3D 打印机器人的功能参数　　　　表 2-2-1

外观尺寸	2550mm×2350mm×2520mm	软件运行系统	Win7 及以上，64 位机
有效打印尺寸	1800mm×1700mm×1500mm	软件界面语言	中文、英文
质量（kg）	385	切片方式	无，自主开发
使用存放温度	0~45℃	是否可模拟打印	是
机械控制精度	0.1mm	软件显示维度	三维
打印头尺寸	20mm、30mm、40mm（可替换）	驱动电机	步进电机
打印速度	0~80mm/s	供电电源	（220±22）V、（50±1）Hz
X 轴运动速度	0~200mm/s	总功率	3.5kW
Y 轴运动速度	0~200mm/s	加料方式	手动、泵送
Z 轴运动速度	0~200mm/s	软件更新方式	网络传输、免费更新
主要用途	1. 材料试验试件打印成型 2. 结构试验试件的打印成型 3. 景观部品、城市家具的打印成型		

2）大型框架式建筑 3D 打印机器人

该 3D 打印机器人的功能参数见表 2-2-2。

大型框架式建筑 3D 打印机器人的功能参数　　　　　　　　　表 2-2-2

机械控制精度	± 0.2mm
打印喷嘴尺寸	10mm、20mm、30mm、40mm（可替换）
打印速度	0~150mm/s
地梁导轨整体平面度	0.28mm
导轨直线度	0.15mm
导轨平行度	0.2mm
地梁导轨与立柱导轨垂直度	0.16mm
立柱导轨平行度	0.15mm
立柱导轨直线度	0.15mm
设备尺寸	15800mm × 8800mm × 5250mm
有效打印尺寸	12000mm × 6000mm × 4000mm

 任务实施

请通过查阅文献和复习教材，说出 3D 打印机器人的优点，并简述 3D 打印机器人的基本组成。

 学习小结

本任务主要介绍了传统混凝土浇筑施工、钢结构构件施工及 3D 打印机器人的工艺流程，混凝土 3D 打印机器人的结构组成和功能参数。

任务 2.2.2　3D 打印机器人的施工准备

 任务引入

3D 打印机器人的施工流程和方法与传统施工相比，体现出了高效率、高质量的特点。下面详细介绍 3D 打印机器人的施工准备工作。

知识与技能

1. 现场作业条件准备

机器人进场前，施工现场需要进行以下准备工作：

（1）现场场地选择

3D 打印机器人要对打印台进行定位，需要在相对平坦、稳定的基础上选择合适的作业现场。在选择场地的时候，需要考虑一些特定的要求，例如电源、气源、水源等供给设备配置是否齐全。

（2）保障供电和网络

3D 打印机器人需要不断的电力供应才能保持运行，同时，需要一个稳定的局域网信号来保证机器的定位和数据传输。因此，现场需要保障供电和网络的稳定性。

（3）打印机支撑结构的固定

由于 3D 打印机器人比较重，打印过程中可能会振动，晃动甚至翻倒，因此在机器人的两侧需要安装牢固的支撑支架来固定设备。

（4）现场地面准备

现场地面应该是平坦的，并且要有一定的承重能力。在地面硬度不足的情况下，建议铺设一块适合的托板来增强支撑力。

（5）现场中间骨架的解决

3D 打印机器人需要在打印现场的中心位置进行操作，因此在该中心位置需要准备一个夹持机架或者夹具等助手，来支持打印机在打印过程中的移动和站立。目前大多数 3D 打印机器人都配套有夹持机架。

（6）环境卫生

3D 打印机器人作业现场应保持干净整洁，因此需要根据施工场所的环保要求，配备必要的除尘与空气净化等设备。

2. 机器人进场准备

（1）进场报备

机器人进场前，施工方应向项目部进行进场报备，完成施工机械设备进场报验流程后，机器人方可进场。

（2）设备运输

机器人进场前，需要提前确认现场运输的方式，确保 3D 打印机器人和所有必需的其他设备、材料能够顺利运输到施工现场。同时需要仔细检查设备和机器的安全系统是否正常，从而确认机器人安全、快速到达施工点位。

（3）确定打印区域

确定最佳的打印区域位置，尽量避免环境因素对打印机造成干扰，建立打印区域边缘，确保机器人行走路线无障碍物。

3. 现场技术准备

了解项目设计要求，熟悉现场实际情况，施工前对施工人员进行书面的技术交底和安全交底。

梳理现场施工图纸，施工部位图纸需导入 3D 机器人手持控制器中。

4. 材料准备

（1）混凝土 3D 打印材料准备

1）水泥

水泥是制作混凝土的基本材料。在混凝土 3D 打印中，一般使用高强度和水化速度较快的水泥，如普通硅酸盐水泥、硬化速度较快的快硬水泥或高性能混凝土水泥等。

2）骨料

骨料是混凝土中的填料部分，通常使用的骨料有细砂、中砂、粗砂、碎石等，混凝土 3D 打印中一般使用无机自生固化骨料，这种骨料可以快速硬化，并适应 3D 打印机器人的喷射方式。

3）水

水是混凝土中的重要组成部分，可以加速水泥硬化和骨料结合。在混凝土 3D 打印中，需要根据混凝土的配合比准确控制用水量，以确保混凝土的高质量。

4）添加剂

添加剂是混凝土中的辅助材料，可以改善混凝土的工作性能、强度、耐久性和其他特性。在混凝土 3D 打印中，可以使用一些特定的外加剂，如保水剂、减水剂、增塑剂、颜料等，以满足打印品质和设计要求。

5）纤维

混凝土中的纤维可以提高混凝土结构的强度、韧性和耐久性。在混凝土 3D 打印中，可以添加钢纤维、碳纤维、玻璃纤维、聚合物纤维等。

材料的质量要满足相关标准要求，都要具备材料合格证书并进行现场抽样复试检测，并有复试检测报告。

（2）金属 3D 打印材料准备

金属 3D 打印是属于数字热加工的一项技术，目前制备金属的 3D 打印技术主要有：选区激光熔化 / 烧结（SLM/SLS）、电子束选区熔化（EBSM）、激光近净成形（LENS）等。与传统工艺相比，金属 3D 打印可直接成型，无需模具，可以实现个性化设计并制作复杂结构，具有高效、低消耗、低成本等优点。但是数字热加工的变形是无法消除的，变形量需要从工艺和经验上控制，最后还要经过数控机床等技术的后期加工处理。

任务实施

通过参观和查阅资料，用自己的语言对 3D 打印机器人的施工准备进行概要描述。

 学习小结

3D 打印机器人的施工准备包括现场作业条件准备、机器人进场准备、现场技术准备、材料准备。其中，材料准备又包括混凝土 3D 打印材料准备和金属 3D 打印材料准备。做好施工准备，才能保证 3D 打印机器人的工作效率和施工质量。

任务 2.2.3 3D 打印机器人的人机协作

 任务引入

虽然 3D 打印技术的核心是通过机器人进行高效率、高精度的快速打印，但是人机协作在 3D 打印过程中仍然非常重要。部分工序仍需要依靠施工人员辅助机器完成，并进行施工过程管控，因此，只有了解哪些施工过程需要人机协作以及如何人机协作，才能真正将 3D 打印机器人的作用发挥最大。

 知识与技能

1. 3D 打印机器人需要人机协作的原因

（1）设备调整和操作

3D 打印需要使用特殊的打印机器，需要操作人员对设备进行调整和操作。因为不同的设计需求以及施工环境和材料的差异，操作人员需要对设备进行适当调整，以确保能够打印出高质量的建筑结构。

（2）材料配合比控制

材料配合比控制是确保 3D 打印高质量的关键。需要操作人员根据混凝土配合比严格控制材料用量。

（3）错误检查和修正

即使有最佳的配合比设计和材料，实际施工中仍可能会出现偏差和错误。需要操作人员随时检查和修正错误，以确保打印出来的建筑结构的质量。

（4）安全保障

打印机器人在操作时也存在一定的风险。操作人员需要注意相关安全指导和教育，并在操作过程中加强设施维护和安全保障，确保环境的安全性。

2. 3D 打印机器人的人机协作过程

（1）设备操作

3D 打印需要使用专门的打印设备，打印设备通常由电子控制和打印头组成。操作人员需要掌握打印设备的操作方法，通过控制设备完成打印任务。

（2）材料装载

3D 打印需要在设备中添加混凝土材料、水、骨料和添加剂等。操作员需要准确控制材料用量，并将材料装入设备中，以确保打印质量。

（3）打印修正

在打印过程中，控制设备运行状态并关注打印过程中可能出现的一些问题，比如挂钩、倾倒等。采取相应的措施来进行修正并重新打印，如图 2-2-3 所示。

（4）设备控制

在 3D 打印过程中，需要对设备进行精细控制，以确保正常运行。操作员需要根据温度、材料流量等参数调整设备，提高打印效率和准确性。

图 2-2-3　现场打印修正

（5）安全保障

在 3D 打印过程中，操作员需要注意危险因素，确保安全。操作员必须佩戴安全装备，如手套、安全鞋等，同时也要保证设备的安全。发现任何安全隐患，立刻停止打印并采取相应措施。

 ## 任务实施

通过参观和查阅资料，用自己的语言对 3D 打印机器人的人机协作的原因和过程进行描述。

 ## 学习小结

3D 打印机器人的人机协作的原因主要包括设备调整和操作、材料配合比控制、错误检查和修正、安全保障。人机协作过程包括设备操作、材料装载、打印修正、设备控制和安全保障。

任务 2.2.4　3D 打印机器人的施工工艺控制

 任务引入

3D 打印机器人的施工工艺涉及对场地的清理、基层处理、喷涂、养护等多项工序，每一项工序的完成情况均对最终结构质量有重要影响。因此，了解并掌握 3D 打印机器人的施工过程，是保证其施工质量的前提条件。

 知识与技能

1. 施工流程及方法

（1）设计建模

首先，需要进行建筑设计和建模。建筑设计包括设计建筑结构、结构参数、施工流程等。随后，需要利用计算机建模技术将建筑设计的数据转化为相应的文件格式，以便这些文件能够被 3D 打印机器人识别。

（2）材料准备

在 3D 打印施工过程中，通常需要准备水泥、骨料、水、添加剂等材料。这些材料的用量必须按照配合比准确控制，以满足施工需要。

（3）设备设置

3D 打印需要使用特殊的打印设备。在施工过程中，操作人员需要设置 3D 打印机，包括设置喷嘴的大小和位置等参数以及设定打印路径和打印速度。

（4）开始打印

在所有准备工作完成后，开始进行 3D 打印。3D 打印过程中需要一层一层地打印建筑结构，并在每一层之间等待特定的时间。打印过程中需要随时观察喷嘴的流量和混凝土的流动情况，及时修正错误。

（5）修正和润饰

3D 打印完成后，需要对打印出来的建筑结构进行修复和修整。移除打印过程中使用的部分支撑材料，修整表面不平和施工瑕疵，并对构件进行必要检查和维护。

2. 3D 打印机器人软件介绍

下面以某款国产 3D 打印机器人配套软件为例，对 3D 打印软件特点进行介绍。

（1）三维可视化实时在线交互控制，具有自动切片、智能路径优化和打印预览功能；

（2）支持三维模型（stl）、CAD二维路径图形（dwg、dxf、svg）、Rhino参数化设计建模路径（gcode）及第三方切片Gcode数据的直接导入、打印；

（3）具有连续打印、断点交互打印及打印进程保存功能；

（4）支持模型分块打印，分块区域可新建也可导入任意一个闭合曲线创建，分块具有独立的子坐标系以及显示面；

（5）支持可旋转万向打印头的控制功能。

3. 模型导入与打印

导入的模型按类别可以分为CAD模型、三维实体模型和Gcode模型。模型导入后会自动弹出编辑界面，可编辑模型相应参数，以获得更好的打印效果。

（1）模型导入

1）CAD模型

在基本信息中，可以对当前的图形进行成比例缩放，因为CAD路径对应平面图形，缩放只针对X轴、Y轴方向，且可以单独对单个轴进行缩放，如图2-2-4所示。

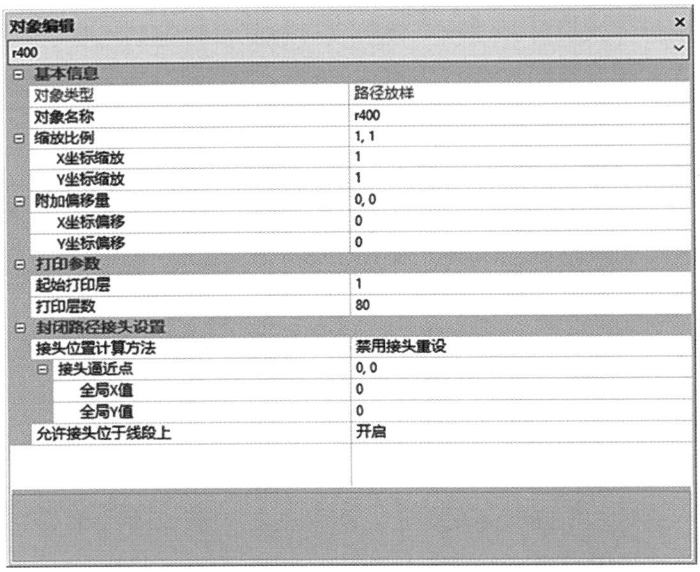

对象编辑	×
r400	∨
□ 基本信息	
对象类型	路径放样
对象名称	r400
□ 缩放比例	1, 1
X坐标缩放	1
Y坐标缩放	1
□ 附加偏移量	0, 0
X坐标偏移	0
Y坐标偏移	0
□ 打印参数	
起始打印层	1
打印层数	80
□ 封闭路径接头设置	
接头位置计算方法	禁用接头重设
□ 接头逼近点	0, 0
全局X值	0
全局Y值	0
允许接头位于线段上	开启

图2-2-4 CAD模型对象编辑

2）三维实体模型

导入三维实体模型后，弹出的界面如图2-2-5所示。

3）Gcode模型

导入Gcode模型文件，设置打印参数，界面显示打印内容和路径。

（2）打印操作

在确认连接完成，"设备测试"区图标变亮后，此时设备测试区以及后续的联机打印才可以正常使用。

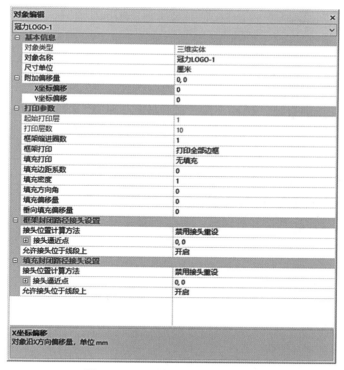

图 2-2-5　三维实体模型对象编辑

 任务实施

通过参观和查阅资料，用自己的语言对 3D 打印机器人的施工工艺进行概要描述。

 学习小结

3D 打印机器人的施工流程及方法包括设计建模、材料准备、设备设置、开始打印、修正和润饰。具体操作时需要应用 3D 打印机器人配套软件进行模型导入和打印。

任务 2.2.5　3D 打印机器人的施工安全保障

 任务引入

在 3D 打印机器人的施工过程中，必须按照操作规程进行施工，做好施工安全保障，否则将发生安全事故。

知识与技能

1. 材料堆放安全要求

3D打印需要大量的材料，包括水泥、砂、碎石、水等。这些材料都需要在施工现场通过搅拌设备进行灌筑和混合。因此，为了确保材料的质量和工作安全，必须对材料进行正确堆放。

（1）堆放区域应该平坦，没有任何倾斜或不平整的表面。

（2）堆放区域应该远离任何可能引起火灾或爆炸的物质。

（3）堆放区域应该具有良好的通风，避免积累有害气体。

（4）堆放的原材料必须严格按照规定的要求进行分类和标记。

（5）堆放的原材料袋子或容器必须完好无损，并且需要定期检查并更换。

（6）堆放的原材料必须避免水分、雨水或其他液体的浸泡。

（7）原材料必须严格按照规定的高度进行堆放，以避免倒塌和发生安全事故。

（8）堆放区域应该有警告标志和规定的安全操作规程，以避免伤害。

2. 施工前施工环境安全检查

（1）检查现场安全区域

在3D打印施工现场，需要检查现场是否满足安全要求，主要包括以下几个方面：

1）确保现场区域足够宽敞，以容纳所需的设备和材料，并保持整洁和无障碍；

2）清除施工区域内的杂物和障碍物，包括堆放的非必要材料和工具等；

3）确保施工现场没有积水及易燃易爆物品。

（2）安全设备检查

检查施工现场所有的安全设备是否齐全、有效，并确保所有设备工作正常、没有损坏，主要包括以下内容：

1）检查各种救生设备是否齐全、完好和易于发现，例如消防器材、急救箱等；

2）检查个人防护装备是否足够：如安全帽、安全靴、手套、耳塞、口罩等；

3）确保大型机械设备和工具（如起重机、叉车等）已经过技术检查与维护，并能正常运转和安全使用。

（3）现场处理和管理

1）检查施工人员的工作证件和上岗证，确保人员执证上岗；

2）有熟悉工艺的人员在现场监督，能够认识到危险并妥善处理；

3）检查现场供电线路和电源是否已经完全安装、连接和接地良好，是否符合规范要求；

4）确保施工现场的通风、照明和温度达到安全标准；

5）检查现场消防系统并确保可随时使用。

（4）文档和记录检查

施工现场的安全检查需要记录、文档化，并上报监管机构。检查现场是否有合法有效的工程施工许可证、安全监管方案、安全评估报告等文件，及时追踪、整理和审核施工现场的安全计划和安全记录表。

3. 作业人员安全要求

（1）佩戴合适的个人防护装备；

（2）参加安全培训；

（3）合理放置施工工具等物品；

（4）安全用电。

 任务实施

通过参观和查阅资料，用自己的语言对 3D 打印机器人的施工安全要求进行概要描述。

 学习小结

3D 打印机器人的施工安全保障包括材料堆放安全要求、检查现场安全区域、安全设备检查、现场处理和管理、文档和记录检查、作业人员安全要求。做好施工安全保障，才能确保 3D 打印过程中的人员和机器的安全。

任务 2.2.6　3D 打印机器人的维护和保养

 任务引入

3D 打印机器人是一个高精度且复杂的系统，长期使用和不当维护，会导致机器的性能、精度和稳定性下降，甚至可能导致机器系统的故障和损坏。

知识与技能

1. 使用过程中的注意事项

（1）打印前注意事项

1）确认打印机架未变形。

2）确保软件正常工作。

3）模型设计：stl 三维模型需要使用 ASCII 码格式保存，在建模时要以前视图平面为底面进行建模。

（2）打印中注意事项

1）调整原点位置使模型处在打印范围内，可以通过将软件显示喷头位置移动到模型边界来确定是否会超出打印范围。

2）挤料速度需要根据打印材料自身的特性以及打印过程中材料变化进行适当调节，以保证正常出料以及打印宽度基本一致。

3）观察打印过程中是否出现坐标异常或碰触限位，必要时采取暂停打印或者断电来防止打印机损坏。

（3）打印后注意事项

1）打印完成后要及时取下打印头，用清水清洗残余打印材料，清理干净后用抹布擦干，确保不会有颗粒、水滴残留。

2）打印头清洗时要注意电机的防水，包括电机主体和电机的航空插头。必要时可以松动联轴器拆除绞龙进行细致清理，以防止沾湿电机。

3）长时间不打印请关闭驱动系统和控制器，最好切断打印机总电源。

4）主从轴出现差值：一般主从轴出现差值分两种情况：①软件显示出现微小差值，一般在 1mm 以下，此种差值产生原因多样，基本可以忽略不计，只需点击 < 置为打印原点 > 清空当前坐标即可；②通过尺子或肉眼测量主从轴的模组滑块的位置差值，出现较大差异时，一般 1cm 以上，需要进行调平操作。

5）连接不上或者断开连接：点击 < 断开 > 后重新点击 < 连接 >，若出现连接设备失败，请重启控制器并等待 2~3 分钟，再次断开和连接后，可恢复正常。若连接后驱动器准备超时，请重启控制器和驱动柜，等待 2~3 分钟后再次进行断开和连接操作。

2. 混凝土 3D 打印机器人维护及保养

3D 打印机器人需要定期维护和保养，以确保其高效工作和生产质量。其维护和保养内容主要有以下几方面：

（1）定期清洁和检查

需要定期清洁机器人部件，特别是打印头和喷嘴。

（2）润滑

3D 打印机器人的每个可旋转部件和轨道的润滑都至关重要。

（3）行程刻度盘的定期检查

维护期间，机器需要进行行程刻度盘的定期检查。

（4）电缆损坏检查

电缆是 3D 打印机器人中的关键部件，因此需要定期检查电缆是否损坏、扭曲、老化或过度拉伸。一旦发现这些问题，要立即修复或更换电缆。

（5）机器耗材的定期替换

3D 打印机器人的很多耗材如打印头、过滤器、喷嘴和线轮等，需要定期检查并替换。这样可以保证机器在操作期间正常工作，并确保打印质量符合标准。

（6）数据备份和系统更新

机器的计算机系统也需要定期进行数据备份和系统更新，确保系统和数据的安全性及系统正常运转。

3. 金属 3D 打印机器人维护及保养

（1）金属 3D 打印机器人长期停用时的维护及保养

1）粉末清洁与存放

清理金属 3D 打印机内的金属粉末，在干燥密封的环境中保管粉末，避免粉末吸潮。

2）排空水路

排空水冷机、激光器及水回路中（如振镜、水管等）的冷却水。

3）关闭气路

①关闭净化系统两端的进、出气球阀。

②关闭制氮机气源与电源，排放缓存罐内残余气体，确保设备零压，避免负载待机。

③关闭氩 / 氮气瓶阀门。

4）断开电源

按顺序关闭金属 3D 打印机器人并切断电源，断开其他附属设备电源，如制氮机、吸尘器、锯床、磨床、退火炉、线切割、振筛机等。

5）设备清洁与防护

清洁打印舱室烟尘和设备表面，若环境湿度过大，使用缠绕膜防潮，同时建议进行掩体防护，充分做好防火和防护措施。

6）注意事项

清理和打扫工作室时，请勿撞击 3D 打印机器人。

（2）金属 3D 打印机器人复用时的维护及保养

1）环境复核

检查金属 3D 打印机器人及相关设备所处环境，确保环境干燥、无渗水、洁净。

2）清洁

清洁金属 3D 打印机器人及相关设备的灰尘和污染物。

3）注水

水冷机水箱水位在水位计的绿色范围内，请确保水箱注水（去离子水或蒸馏水）后再通电开机。

4）恢复气路

①接通净化系统气路，并打开进、出气两端球阀。

②连接制氮机气源，通电后为制氮机充能，实现氮气纯度 99.99% 以上，优先采用手动调试，再切换至自动模式。

5）核检并恢复电力

核验主动力电路，确保供电安全性与可靠性，对设备逐一上电，确保上电后设备处于正常工况。

6）打印生产

检查粉末干燥性，确保粉末干燥（钴铬粉末筛粉烘干后再使用，钛粉严禁烘干），优先测试打印样件，测试无问题后，再进行批量打印。

4. 运输与存储

（1）运输

在运输 3D 打印机器人之前，需要仔细阅读用户手册，遵守包装和运输要求。运输过程中，采取卡车运输以确保机器的稳定性并保持底座的水平。同时，应该避免机器长时间暴露在极热或极冷的环境中，防止对机器产生不良影响。

（2）存储

存储方式是决定机器人寿命长短的重要因素之一，因此，需要正确存储 3D 打印机器人。在长期存储之前，应该彻底清洁机器的内部和外部，并且需要将机器包装好以防止灰尘和其他污染物进入内部。

任务实施

通过参观和查阅资料，用自己的语言对 3D 打印机器人的维护和保养注意事项进行概要描述。

学习小结

3D 打印机器人的维护及保养包括混凝土 3D 打印机器人和金属 3D 打印机器人的维护及保养。混凝土 3D 打印机器人的维护及保养包括定期清洁和检查、润滑、行程刻度盘的定期检查、电缆损坏检查、机器耗材的定期替换、数据备份和系统更新。金属 3D 打印机器人的维护及保养包括长期停用时的维护保养和复用时的维护及保养。

知识拓展

码 2-2-1　3D 打印建筑的几种方法

习题与思考

一、填空题

1.混凝土 3D 打印需要准备的材料包括：_____、_____、_____、_____、_____。

2.3D 打印完成后，还需要对打印出来的建筑结构进行_____。

3.在运输 3D 打印机器人之前，需要仔细阅读_____，遵守包装和运输要求。

4.3D 打印机器人在打印完成后要及时取下_____，用清水清洗残余打印材料。

二、简答题

1.3D 打印机器人进场前需要做哪些条件准备？

2.3D 打印机器人的施工流程是哪些？

3.3D 打印机器人的打印模型有哪些类型？

三、讨论题

结合参观与文献查询，你认为 3D 打印机器人在使用过程中还有哪些注意事项？

码 2-2-2　项目 2.2 习题与思考参考答案

项目 2.3 　其他结构工程机器人

教学目标

一、知识目标

1. 了解砌砖机器人的基本组成；

2. 了解砌砖机器人的施工工艺流程。

二、能力目标

1. 能够说明砌砖机器人在建筑领域中的作用；

2. 能够说明砌砖机器人的基本组成；

3. 能够叙述砌砖机器人的施工工艺流程。

三、素养目标

1. 能够适应砌砖机器人代替传统人工砌砖的大趋势；

2. 能够主动了解其他结构工程机器人的特点和作用。

学习任务

理解砌砖机器人的基本组成、施工工艺流程。

建议学时

0.5 学时

思维导图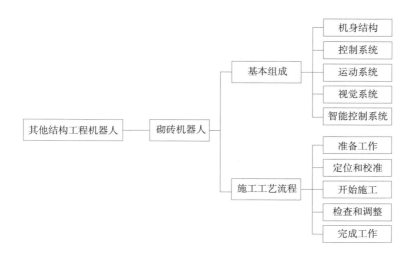

任务 2.3.1　砌砖机器人

 任务引入

砌墙机器人可以完成需人工参与的所有砌墙砌筑工作，包含砖块输送、抓取、砌筑，墙体结构达到设计要求。

 知识与技能

1. 砌砖机器人的基本组成

砌砖机器人是一种自动化的建筑施工设备，其基本组成包括：

（1）机身结构：砌砖机器人通常由机身、手臂、夹具等部分组成。

（2）控制系统：砌砖机器人的控制系统包括计算机、控制器、传感器等部分。

（3）运动系统：砌砖机器人的运动系统包括电机、减速器、传动轴、关节等部件。

（4）视觉系统：砌砖机器人的视觉系统可以实现自主导航和避障等功能。

（5）智能控制系统：砌砖机器人的智能控制系统可以根据预先设定的工作程序或实时监测的数据来自动调整工作状态和工作方式，提高生产效率和质量。

2. 砌砖机器人施工工艺流程

（1）准备工作：首先需要对施工现场进行清理和整理，确保施工区域的安全和整洁。

（2）定位和校准：将砌砖机器人放置在施工区域，并使用水平仪校准机器人的位置和水平度。然后根据设计图纸和要求确定砖块的大小和形状，并将其放置在指定位置上。

（3）开始施工：启动砌砖机器人，使其按照预先设定的工作程序或实时监测的数据自动完成砖块的抓取、放置和调整等工作。

（4）检查和调整：在施工过程中，需要不断地检查机器人的工作状态和砖块的质量，及时发现问题并进行调整。

（5）完成工作：当所有砖块都被放置完毕后，关闭砌砖机器人并进行清理工作。

 任务实施

通过参观和查阅资料，说明还有哪些其他类型的结构工程机器人。

 学习小结

砌砖机器人的基本组成包括机身结构、控制系统、运动系统、视觉系统、智能控制系统。砌砖机器人施工工艺流程主要包括准备工作、定位和校准、开始施工、检查和调整、完成工作。

知识拓展

码 2-3-1　了解其他结构工程机器人

习题与思考

一、填空题

1. 砌砖机器人通常由_____、_____、_____等部分组成。

2. 砌砖机器人的控制系统包括_____、_____、_____等部分。

3. 砌砖机器人的运动系统包括_____、_____、_____、_____等部件。

4. 砌砖机器人的视觉系统可以实现_____、_____等功能。

二、简答题

1. 简述砌砖机器人的基本组成。

2. 简述砌砖机器人的工作流程。

三、讨论题

你认为砌砖机器人在施工过程中有哪些施工安全注意事项？

码 2-3-2　项目 2.3 习题与思考参考答案

模块3

装饰工程机器人的施工与应用

项目 3.1 喷涂机器人的施工与应用

教学目标

一、知识目标

1. 了解传统墙面腻子和乳胶漆的施工工艺流程；

2. 了解喷涂机器人的墙面装饰工程施工流程；

3. 了解喷涂机器人的结构组成和功能参数。

二、能力目标

1. 能够说明喷涂机器人的施工准备和人工协作；

2. 能够说明喷涂机器人的施工工艺控制；

3. 能够说明喷涂机器人的施工安全保障、维护和保养。

三、素养目标

1. 能够适应喷涂机器人代替传统人工喷涂的大趋势；

2. 能够自主学习和探索喷涂机器人的工作原理和施工方法。

学习任务

掌握喷涂机器人的施工工艺控制和施工安全保障。

建议学时

4 学时

思维导图

任务 3.1.1 喷涂机器人概述

 任务引入

与普通人工喷涂相比，喷涂机器人喷涂品质更高，节约原材料，具有更高的灵活性和更高的效率，可实现全自动喷涂。

 知识与技能

1. 传统墙面腻子和乳胶漆的施工工艺流程

（1）基层处理

由于楼板、材料等原因，现浇混凝土的墙面平整度稍差，会出现气孔、麻面等缺陷。因此要对墙面不平处进行修补。

（2）涂胶粘剂（汁浆）

刮腻子前需要先将胶水和清水按照一定的比例进行调配然后再喷涂，喷涂时一定要均匀，不能有遗漏。

（3）修补打磨

第一遍的腻子刮完后，可以在之前修补的地方进行复查，如果仍有塌陷现象，建议重新修复找平，晾干后再用砂纸打磨，清洁干净即可。

（4）腻子成活

待到第一遍腻子晾干后可以直接刷第二遍腻子，一般刮大白两遍腻子即可。

（5）刷涂底漆

先是底漆，只需在其上面涂刷一遍底漆即可，涂刷一定要均匀，一直等干燥后。

（6）刷涂面漆

底漆干燥后，再刷两次面漆，每隔两三个小时刷一次。

（7）验收

处理完之后要检查墙面是否结实、平整和颜色均匀，有没有出现裂缝。

2. 喷涂机器人的墙面装饰工程施工流程

基层验收（工序交接检）→基层处理→喷涂腻子→打磨找平→场地清扫→喷涂专用抗碱底漆→喷涂第一遍涂料→喷涂第二遍涂料→验收。

3. 喷涂机器人的结构组成和功能参数

现以某款国产喷涂机器人 A 为例，介绍一般喷涂机器人的结构组成和工作参数。喷涂机器人 A 是集腻子喷涂和乳胶漆喷涂为一体的智能机器人，其主要组成结构包括 AGV 全向底盘和上装主体结构，上装主体结构又包括电控柜、料桶、机械臂、喷涂机等，如图 3-1-1 和图 3-1-2 所示。

图 3-1-1　喷涂机器人 A 的实体外观

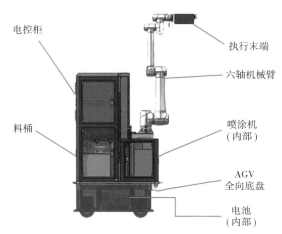

图 3-1-2　喷涂机器人 A 的组成结构

电控柜

执行末端

六轴机械臂

料桶

喷涂机（内部）

AGV 全向底盘

电池（内部）

喷涂机器人 A 的主要结构的具体功能分别为：

（1）AGV 全向底盘（含电池）模块：主要用于机器的行走、转向，并支撑电控柜模块（图 3-1-3）；

（2）电控柜模块：主要用于机器的控制系统元器件的固定和防护；

（3）六轴机械臂模块：主要用于执行喷涂作业动作；

（4）喷涂机模块：主要用于给喷枪提供高压涂料；

（5）执行末端模块：可快速更换作业机械终端；

（6）料桶模块：主要用于存放喷涂需要的涂料、腻子。

在实际使用和操作过程中，一般的喷涂机器人都会配备一个手持平板设备，默认安装"喷涂机器人软件"。该软件一般含喷涂项目管理、喷涂作业任务、维护和喷涂实时数据查看等功能，可用该平板进行喷涂机器人操作。

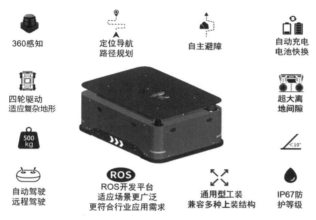

图 3-1-3　AGV 全向底盘功能和特点

AGV 全向底盘参数决定了该喷涂机器人的工作性能和智能水平，具体参数见表 3-1-1。

喷涂机器人 A 的 AGV 全向底盘主要参数　　　　　　　　表 3-1-1

外形尺寸	1030mm × 800mm × 490mm
运行速度	≤ 0.5m/s
运动模式	双舵轮 + 双可控轮、四舵轮
越障高度	40mm
越沟宽度	50mm
最大爬坡	10°
自重	300kg
载重	500kg
续航时间	5h
充电时间	3h
电池容量	100Ah（可拆换）

任务实施

请通过查阅文献和复习教材，说出喷涂机器人相对于传统施工方式的优点。

 学习小结

喷涂机器人与传统腻子和乳胶漆施工流程的区别主要是喷涂效率和成本。喷涂机器人的结构主要包括底盘、电控柜、喷涂机等模块。

任务 3.1.2　喷涂机器人的施工准备

 任务引入

喷涂机器人的施工流程和方法与传统施工相比，具有高效率、高质量的特点。

知识与技能

1. 现场作业条件准备

（1）场地的清理

施工现场地下室的路面需要进行清理，清扫建筑垃圾、地面凸起的钢筋或混凝土砂浆块，在结构伸缩缝等处铺好木板等，以便机器人合理规划施工路径，安全快速进行喷涂施工。

（2）施工条件的准备

根据喷涂机器人的喷涂施工效率及周期，结合现场的实际情况，排布现场施工作业时间和作业路线；在施工点位附近做好施工设备（振动棒、空压机等）所需的水、电及消防各项准备工作，确认好作业路径后即可进行施工。

（3）墙面的基层处理

在机器人施工前，需对现场的墙面进行预处理，达到以下要求：

1）进行墙面清洁，清理杂质、浮灰；

2）墙面对拉锚栓、钢筋、鼓包等凸起物的铲除；

3）墙面凹陷不平、洞口处人工进行找平、填堵、晾干；

4）穿墙管线洞口处进行填堵、粉刷找平。

（4）现场成品保护

1）对人工施工和机器人施工的界面进行划分，从而达到提高施工效率的目的，对工人施工的界面进行遮挡保护，待机器人施工完成后对边界处进行人工处理；

2）现场的飘窗、门窗洞口、线盒孔洞等需进行彩条布遮挡保护，防止喷涂污染已完成的作业面；

3）施工过程中要注意对其他专业设施的成品保护，如埋设在墙内的线管、线盒、水管以及已完成的防水层、保温层等；

4）喷涂施工时必须用彩条布覆盖楼地面，避免交叉污染。

（5）样板施工

在机器人施工前，准备一处样板施工场地，进行样板施工，根据施工图纸的要求，鉴定样板施工的标准和质量，记录相关的机器人参数以及材料参数等，再根据施工样板的标准进行大面积施工。

（6）现场施工环境

作业环境应通风良好，湿作业已完成并具备一定的强度，周围环境比较干燥，环境温度高于 5℃，基层的含水率不得大于 6%～8%。一般来说，环境条件应满足以下要求：

1）需要提供施工场景建筑图纸，转化为无标注可识别的图纸；

2）房间尺寸与图纸偏差小于等于 5cm，房间方形无阳角；

3）喷涂场景房间的尺寸范围为 2~16m；

4）工作场景内无杂物等障碍物、无积水、无穿插施工，坡度小于等于 6°；

5）工作场景完成两遍腻子刮涂和打磨施工，满足验收标准；

6）垂直运输需有人货电梯或客梯，水平运输通道尺寸高度大于等于 1.9m，宽度大于等于 0.8m；

7）铝窗、推拉门、卧室门框、开关面板等如已经安装完毕，需做好成品保护工作；

8）工作场地需提供 220V（功率 3kW）电源，提供水源和废水处理区域；

9）房间内无强光，避免影响测距传感器精度，从而影响车身姿态调整。

2. 机器人进场准备

喷涂机器人的进场准备与前文所述机器人类似，详见任务 2.1.2 中的"2. 机器人进场准备"。

3. 现场技术准备

了解设计要求，熟悉现场实际情况，施工前对施工人员进行书面的技术交底和安全交底。

梳理现场施工图纸，施工部位图纸需导入到机器人手持平板电脑中，以便施工作业面和施工路径的选择。

4. 材料准备

所需材料主要为涂料、稀释剂、腻子等，需提前做好材料报验流程，按照施工计划，提前运送到各个施工点位，确保施工效率。当采用喷涂机器人进行腻子喷涂施工，需要采用腻子作为原材料，并使用相应的喷头，此时该机器人为腻子喷涂机器人；当采用喷涂机器人进行乳胶漆施工，需要采用乳胶漆作为原材料，并更换相应的喷头，此时该机器人为乳胶漆喷涂机器人。

材料、成品、半成品等满足质量标准要求，都要具备材料合格证书并进行现场抽样复试检测，并有复试检测报告。

5. 工具准备

施工所需要的工具有：空桶、空气压缩机、研磨机、搅拌机、喷枪、防毒面具等。

 任务实施

通过参观和查阅资料，用自己的语言对喷涂机器人的施工准备进行概要描述。

 学习小结

喷涂机器人的施工准备包括现场作业条件准备、机器人进场准备、现场技术准备、材料准备、工具准备等。

任务 3.1.3　喷涂机器人的人机协作

 任务引入

喷涂机器人虽然能完成大部分腻子和乳胶漆施工作业，但是仍有一些作业是难以使用机器人开展的，必须依靠人工完成。

知识与技能

1. 喷涂机器人需要人机协作的原因

（1）墙面基层存在凹凸不平、孔洞、污染物等，对机器人喷涂施工产生不利影响，需要人工进行基层处理。

（2）机器人喷涂腻子之后，往往需要人工收平，才能使后续涂料喷涂之后的表面更加平整光滑。

（3）建筑施工区域的边角等部位难以使用机器人完成腻子和乳胶漆喷涂，更适合人工刮涂。

2. 喷涂机器人的人机协作过程

喷涂机器人的人机协作主要体现在以下几个过程：

（1）墙面基层处理

由施工人员检查基层有无空鼓、裂缝、粉化、滴水痕迹、积尘等。这些问题在不同程度上影响涂层等的附着力，通常采用目测、敲打、硬器划刻、手抹等方法检查。

如发现有空鼓的现象，必须彻底铲除，应用配套腻子修补平整或用与墙体砂浆配合比一致的水泥砂浆按墙体同样的方法进行修补填平，确保涂层吸收一致，无接痕。

如发现粉化、滴水痕迹、积尘等现象，需要用毛竹扫把刷清基底，修补不平整的部位。

如发现起壳剥落等现象，需要敲去即将剥落的粉刷层面。

如发现裂缝，需要对外涂层清洗冲刷后，根据裂缝的大小选择不同的表面拉毛压平方法进行处理。

如发现油烟油污、油脂，可用碱水刷洗，再用清水冲洗干净。

（2）人工收平

腻子喷涂机器人喷涂第一遍腻子之后，需要由人工收平，如图 3-1-4 所示。

图 3-1-4　人工收平

（3）特殊区域人工刮涂

在每次机器人喷涂施工之后，对于异形部位、楼梯间、坡道、狭窄人防空间、厨房、卫生间、阳台、露台等特殊区域，均需采用人工刮涂，如图 3-1-5 所示。

图 3-1-5　人工刮涂特殊区域

 任务实施

通过参观和查阅资料，用自己的语言对喷涂机器人的人机协作的原因和过程进行描述。

 学习小结

喷涂机器人在墙面基层处理、收平、特殊区域刮涂等方面需要人机协作。人机协作能够对边角等机器人难以施工的区域进行施工，完善机器人的施工质量。

任务 3.1.4　喷涂机器人的施工工艺控制

 任务引入

喷涂机器人的施工工艺涉及场地清理、基层处理、喷涂、养护等多项工序，每一项工序的完成状况均对最终工作质量有着重要影响。

 知识与技能

1. 施工流程

喷涂机器人的施工流程见任务 3.1.1 的知识与技能。

2. 施工方法

（1）基层验收（工序交接检）

基层验收时表面要保持平整洁净，无浮砂、油污，表面凹凸太大的部位要先剔平并用砂浆补齐，脚手架眼要先堵塞严密并抹平。

（2）基层处理

将墙面上的灰渣等杂物清理干净，用笤帚将墙面浮土等扫净；对不平整的部位剔凿整平，使用石膏将坑洼、缝隙处刮平；对混凝土表面的水泥棱进行打磨。

（3）喷涂柔性耐水腻子

使用腻子总体找平墙面，柔性耐水腻子需喷涂 2~3 遍，当基层的平整度符合要求时，满喷腻子使基层平整度基本达标。每次喷涂腻子的厚度不宜超过 0.5mm、间隔 5h，待第一层腻子基本干燥后进行人工打磨，再进行第二遍喷涂，控制腻子总厚度不宜超过 1.0mm。

（4）打磨找平

第一遍腻子干燥后即进行砂磨，干燥时间不能太长，否则腻子层干硬，将很难砂磨（浪费机器和砂纸）。

（5）养护

施工完毕后，须用水养护，每次养护时采用水湿透腻子层，以保证腻子层充分的水化强度。

（6）场地清扫

墙面打磨完成后对施工场地进行清扫工作，清除建筑垃圾，防止后续工作产生较大的扬尘浮灰。

（7）喷涂专用抗碱底漆

底漆采用喷涂施工，喷涂一遍。要求喷涂速度均匀，来回喷涂道数一致，厚薄要一致。

（8）喷涂第一、二遍涂料

喷涂乳胶漆作业条件：专用抗碱底漆干燥后，方可喷涂乳胶漆。

（9）喷涂机器人参数设置

喷枪压力控制在 15~25MPa，喷嘴距离作业面 500mm 为宜，喷涂幅宽可进行调整，以 600mm 为宜，搭接 1/2 的幅宽。

（10）喷涂乳胶漆前

应将乳胶漆搅拌均匀，装在机器人专用的料桶内，料桶容量为 60L，准备喷涂，根据实际使用情况确定加料的时间。

（11）喷涂乳胶漆时

应合理控制黏度、空气气压、喷口大小、"枪嘴"与作业面距离等，枪距控制在 600mm 为宜。

3. 机器人点检

机器人操作之前，必须进行日常点检，以确保其正常运行。喷涂机器人点检项目可参照表 3-1-2。

喷涂机器人点检项目表　　　　　　　　　　　　　　　　表 3-1-2

部位	序号	点检项目
底盘	1	舵轮是否松动，有无异物
	2	启动按钮是否正常
	3	8 位激光传距仪是否正常
上端	1	三色灯是否显示正常
	2	显示屏显示是否正常
	3	按键是否松动、功能是否正常
	4	电池电量是否充足
	5	整机外观是否变形
	6	喇叭功能是否正常
	7	升降机构螺栓是否松动，是否润滑
	8	料筒是否有渗漏现象
	9	管道是否松动，是否渗漏
机械手臂	1	末端机构是否变形
	2	喷嘴磨损是否严重
	3	保护罩是否损坏
	4	管线是否松脱破损
功能	1	手动喷水，喷枪是否堵塞
	2	手动喷水，压力是否稳定
	3	底盘行走是否正常
	4	语音播报功能是否正常
	5	机械手臂动作是否正常
	6	手持平板电脑操作是否正常

4. 腻子、涂料搅拌

（1）腻子搅拌

准备干净的容器，将腻子粉和水按照一定的配合比进行搅拌（配合比需要根据腻子实际情况进行黏稠度标定，配合比并不固定）。先倒入称量好的水，再倒入相应的腻子粉，使用搅拌机搅拌均匀，确保无粉末粘结于容器壁和底部。静止 5 分钟后，继续搅拌确认容器内无沉淀、无结块后，倒入专用的研磨机进行过筛研磨处理，处理结束方可使用，如图 3-1-6 所示。

（2）涂料搅拌

打开涂料桶，根据面漆配合比分别计算漆水重量，注意需去除桶净重，且称重前需将秤归零、称重时读数需稳定 5 秒以上。使用搅拌机搅拌涂料 2 分钟以上，搅拌后需要人工对倒 4 次以上以充分搅拌均匀，每个批次的涂料要使用黏度杯测试涂料的黏度，以确保涂料黏度一致性，最后将混合好的涂料加入机器人的料桶中，如图 3-1-7 所示。加料完成后，在空桶内进行试喷作业，喷至涂料或者腻子黏稠度稳定后再进行正常施工作业。

称量水重量　　　　　　　　　　　称量腻子粉重量

均匀腻子搅拌　　　　　　　　　　腻子研磨细腻

图 3-1-6　腻子搅拌过程

称量水、涂料重量　　　　　　　均匀搅拌涂料

图 3-1-7　涂料搅拌过程

任务实施

通过参观和查阅资料，用自己的语言对喷涂机器人的施工工艺进行概要描述。

学习小结

喷涂机器人的施工工艺主要包括基层验收、基层处理、喷涂柔性耐水腻子、打磨找平、场地清扫等。机器人点检和腻子、涂料搅拌等过程需要按相关要求进行操作。

任务 3.1.5 喷涂机器人的施工安全保障

任务引入

喷涂机器人的施工过程中，每个环节都必须按照操作规程进行施工，否则容易导致成品损坏，或者机器出现故障、难以运行等问题。

知识与技能

1. 施工安全要求

（1）一般施工安全要求

1）材料堆放要求

①库房、堆放场地设置。根据现场布置图及项目部安排进行材料存放，悬挂防火标志。

②库房、堆放场地内均设通道，四周通风。

③露天堆放应设置围栏，高约 1.5m，四周设钢管支撑，在 0.6m、1.2m、1.8m 高处设水平栏杆。无关人员不得进入各库房、堆放场地。

2）施工环境要求

①在机器人施工前，对作业场地进行查看，临边围护、施工安全警戒线是否放置到位。

②现场是否存在明显障碍物或垃圾等。

3）作业人员安全要求

①跟随机器人施工作业人员，施工前需认真阅读机器人操作手册，了解机器人安全操作相关步骤，熟悉机器人安全急停按钮，能够在突发情况下停止机器人作业。

②在机器人施工过程中，作业人员应和机器人保持 2.5m 以上安全距离，不可靠近机械臂作业范围，以防碰撞。

（2）机器人施工安全要求

1）环境安全：机器人不能在爆发性强的环境、含腐蚀性化学物质的地方以及扬尘过多的环境下使用，否则会对机器人的激光测距、传感器等精密零部件造成损坏。

2）操作安全：机器人需要在平整的场地进行作业、移动，勿将机器人行驶至颠簸不平、坡度大于 10° 的路面和坡面，以防倾覆；在维修和加料等操作时，确认机器人停止工作，防止夹伤。

2. 设备安全标识

设备安全标识一定要设置到位，如图 3-1-8 所示。

打磨机器人的施工安全保障与喷涂机器人的施工安全保障类似。

图 3-1-8　设备安全标识

 任务实施

通过参观和查阅资料，用自己的语言对喷涂机器人的施工安全要求进行概要描述。

 学习小结

喷涂机器人的施工安全要求包括材料堆放要求、施工环境要求、作业人员安全要求等，且设备安全标识应该设置到位。

任务 3.1.6 喷涂机器人的维护和保养

任务引入

喷涂机器人的维护和保养极其重要，如果操作维护不当，可能导致机器人内部污染、堵塞，结构部件被腐蚀，造成机器人效率低下，严重者可能导致机器人损坏。

知识与技能

1. 使用过程中的注意事项

（1）手持平板终端使用时需佩戴防尘套；

（2）机器人充电均需选用稳定的 220V 电压；

（3）每天作业完成后清理机器上灰尘及杂物；

（4）每次喷涂作业完成后 30 分钟内进行喷涂设备清洗；

（5）每天作业前和作业后在喷涂机柱塞泵处添加润滑油。

2. 维护及保养

喷涂机器人在使用过程中的清洗工作非常重要，如果不及时对料筒和喷涂机进行清洗，待腻子和乳胶漆干燥固结之后，会导致输送管道堵塞，降低喷涂效率，严重时喷涂机器人无法运行。喷涂机器人清洗工作主要有以下部分。

（1）料筒清洗步骤

1）打开排污阀将料桶中剩余涂料排放到临时存放的料桶，开回流阀将回流管中涂料排放至料桶后再排至临时存放的料桶，如图 3-1-9 所示。

2）加清水至料桶，清洗料桶，可以使用毛刷清洗筒壁内部。

3）待料桶内污水排净关闭排污阀，妥善处理废水。

4）更换清水，重复上述步骤直至料桶内壁残余涂料清洗干净并完全排出，判断标准为料桶内壁是否有涂料残余。

图 3-1-9 清洗过程的排污阀

（2）喷涂机清洗步骤

在每次喷涂作业完成后 10 分钟内，需对喷涂设备进行清洗，以免管路或喷嘴堵塞，影响下一次喷涂作业。喷涂机回流阀如图 3-1-10 所示。

加清水重复清洗 3~5 次，至喷枪喷出清水，将料桶及喷枪洗净。

图 3-1-10 喷涂机回流阀　　图 3-1-11 木箱打包设备

3. 运输与存储

（1）包装与储存

运输与贮存过程决定了设备的完好程度，主要有以下几点：

1）设备长途运输时需装入专用包装箱内，并将设备与底托用绳索妥善固定，见图 3-1-11。

2）在短途运输时，可以直接将设备通过车辆的升降尾板，运至车厢中间位置，用两条长度大于 1m 的木方或者其他限位装置，挡住车轮前进和后退的方向，并用绳索固定好机器人，将设备断电即可。

（2）吊装作业

1）机器人产品吊装作业时，考虑到机器人结构的完整性与安全性等问题，利用专用的架体进行吊装。

2）起吊前应先低高度、短行程试吊，确保安全。

4. 常见故障及处理

由于使用人员的操作习惯及使用环境对机器人的影响，腻子喷涂机器人在使用过程中，会遇到一些故障问题。腻子喷涂机器人常见故障及处理方法见表 3-1-3。

打磨机器人的维护和保养事项与喷涂机器人类似。

腻子喷涂机器人常见故障及处理方法   表 3-1-3

序号	常见故障	处理方法
1	（1）雾化小、滋水 （2）无涂料喷出	（1）检查回流阀是否关闭（人工操作喷涂机上的回流阀旋钮） （2）检查涂料是否充足，并保证进料口浸没在涂料中 （3）将进料口换成清水，回流后打开喷嘴进行喷涂操作，检验喷涂雾化是否正常，同时观察表盘上的压力值是否正常（一般设置为 15~25MPa） （4）卸下喷嘴，检查喷涂涂料的喷枪管路是否堵塞，同时清洗喷嘴至无乳胶漆残留
2	（1）机器人偏移预设路径 （2）机器人有碰撞周围物体风险 （3）机器人移动路径上有较大障碍物或沟槽	暂停机器人作业，或按下红色急停按钮，排除故障或障碍物后，切换到手动模式，下发定位，重新开始作业
3	出现程序故障报警、机器作业过程中自动中断作业、站点位置异常等	暂停机器人作业，重启电源
4	喷涂作业过程中，出现压力不稳或压力达不到预设值	（1）检查吸料管头是否完全浸入涂料中 （2）检查吸料口是否有堵塞 （3）检查料管带过滤器的转接头是否有堵塞 （4）检查料口接头是否松动或有滴漏
5	上装机械臂运行过程中，出现急停、故障等	在安全模式中复位，然后移到宽敞的位置，机械臂回到原点并排查修复的问题

任务实施

通过参观和查阅资料，说明喷涂机器人的维护和保养注意事项。

学习小结

喷涂机器人的维护和保养主要涉及料筒、喷涂机的清洗、喷涂机器的运输与存储等事项，以及常见故障和处理方法。

任务 3.1.7　喷涂机器人的应用案例

任务引入

通过喷涂机器人应用案例，有助于尽快熟悉喷涂机器人的实际应用过程和效果。

知识与技能

1. 基本信息

杭州某建筑项目，总建筑面积近 80 万 m²，总投资 92 亿元。该项目采用某款国产腻子和乳胶漆喷涂机器人进行施工试点，作业点位于写字楼第 37 层，作业面积为 2300m²，施工内容为腻子和乳胶漆喷涂。

2. 工作面原始状态

工作面原始状态凹凸不平，孔洞和划痕很多，颜色灰暗，如图 3-1-12 所示。

3. 施工过程

喷涂机器人在施工场地自动移动和自动喷涂作业，并按照前文所述的工艺流程进行施工，如图 3-1-13 和图 3-1-14 所示。

4. 施工之后的工作面状态

喷涂机器人施工完成后，墙面平整度高，表面光滑洁净，肉眼难以观察到大的孔洞和划痕，颜色光亮饱满，如图 3-1-15 所示。

图 3-1-12　工作面原始状态

图 3-1-13　机器人在工地现场移动

图 3-1-14　机器人自动作业过程中

图 3-1-15　施工之后的工作面状态

任务实施

请通过查阅喷涂机器人的应用案例，说明其施工后的质量效果与人工施工的差异。

学习小结

喷涂机器人已经国内某些建筑工程项目应用，可以看出，凹凸不平的墙面经过墙面喷涂机器人施工之后，表面变得平整光滑。

知识拓展

码 3-1-1　喷涂机器人的全面了解

习题与思考

一、填空题

1.喷涂机器人的电控柜模块主要用于机器的控制系统元器件的_____和_____。

2.喷涂机器人在边角等难以喷涂的部位施工时，需要进行_____协作。

3.喷涂机器人在使用过程中的_____工作非常重要，否则容易堵塞管道等。

4.喷涂机器人在操作之前，必须进行日常_____。

二、简答题

1.喷涂机器人进场前需要做哪些条件准备？

2.喷涂机器人的施工流程是什么？

3.喷涂机器人如何进行维护和保养？

三、讨论题

结合参观与文献查询，你认为喷涂机器人在使用过程中有哪些注意事项？

码 3-1-2　项目 3.1 习题与思考参考答案

项目 3.2 打磨机器人的施工与应用

教学目标

一、知识目标

1. 了解传统打磨施工过程；

2. 了解打磨机器人的施工过程；

3. 了解打磨机器人的结构组成和功能参数。

二、能力目标

能够说明打磨机器人的施工工艺控制。

三、素养目标

1. 能够适应打磨机器人代替传统人工打磨的大趋势；

2. 能够主动学习和探索打磨机器人的工作原理和操作方法。

学习任务

掌握打磨机器人的施工过程、结构组成、功能参数、施工工艺控制。

建议学时

2 学时

思维导图

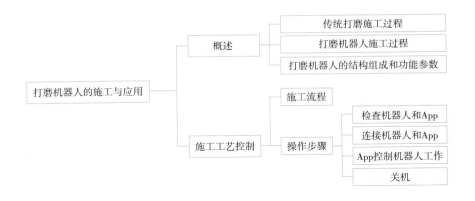

任务 3.2.1　打磨机器人概述

任务引入

打磨机器人，是可进行对墙面自动打磨的机器人。与普通人工打磨相比，打磨机器人效率更高，可实现全自动自主打磨，最大程度上节省人工，更加环保。

知识与技能

1. 传统打磨施工过程

传统墙面打磨过程主要由人工完成。工具材料包括刮刀、砂纸、打磨机、扫把、吸尘器、抹布等。先使用扫把等工具将墙面清理和清洁干净，如果墙面有裂缝和凹陷等明显缺陷，则需要将其填补平整。填补后等作业面完全干燥，用砂纸打磨至平滑。选择打磨机和砂纸的粗细度，如遇到较明显的凹槽或凸起，可以选用较粗的砂纸进行打磨，之后再进行细磨，使作业面的表面更加平整、光滑、细致。然后再将打磨后的作业面擦拭干净。

2. 打磨机器人施工过程

（1）将打磨机器人配备的平板电脑与机器人通过 Wi-Fi 连接；

（2）设置作业速度和作业高度；

（3）开始自动打磨作业；

（4）对需要补打的区域进行点动打磨。

3. 打磨机器人的结构组成和功能参数

打磨机器人主要用于住宅室内腻子墙面的全自动打磨施工，通过机器人内部的控制算法和执行机构，根据规划路径自动行驶并完成打磨作业，可进行远程遥控或自主控制作业，实现高效的无人施工。

以市场上某款打磨机器人 B 为例，该打磨机器人分为以下几个单元：驱动行走单元、模组升降单元、机械臂单元、打磨单元、激光雷达导航单元、App 控制单元，如图 3-2-1 所示。

图 3-2-1　打磨机器人

每个单元的具体功能如下：

（1）驱动行走单元：2 个驱动轮提供机器人的前进或转弯的动力，3 个万向轮提供机器人的支撑和方向；

（2）模组升降单元：调整机器人打磨高度；

（3）机械臂单元：控制打磨头的姿态调整和打磨轨迹运行；

（4）打磨单元：实现墙面打磨；

（5）激光雷达导航单元：实现机器人导航定位，并自动作业；

（6）App 控制单元：连接机器人，查看各个参数，配置工作参数和控制机器人工作。

该打磨机器人的具体设备参数见表 3-2-1。

打磨机器人 B 的具体设备参数　　　　　　表 3-2-1

质量	390kg	整机尺寸	1200mm × 750mm × 1870mm
最大打磨高度	2.9m	最大爬坡角度	6°
最大越障高度	30mm	最大越沟宽度	50mm
储尘容量	8L	工作温度	0~45℃
续航时间	8h	环境湿度	（25%~90%）RH
最大功率	4.7kW	施工效率	50~150m²/h

 任务实施

请通过查阅文献和复习教材，简述打磨机器人代替传统施工方式的优势，并陈述打磨机器人的结构组成和功能参数。

 学习小结

打磨机器人的结构主要包括驱动行走单元、模组升降单元、机械臂单元、打磨单元、激光雷达导航单元、App 控制单元等。

任务 3.2.2　打磨机器人的施工工艺控制

任务引入

打磨机器人的施工流程和方法直接决定了作业面的质量。打磨机器人的施工主要通过机器人软件来操作，因此，本任务主要了解机器人软件的操作。

知识与技能

1. 打磨机器人的施工流程

打磨机器人的施工流程见任务 3.1.1 的"知识与技能"。打磨机器人与喷涂机器人的施工流程不同处为工作头，前者为了打磨头，后者为喷涂头。

2. 打磨机器人的操作步骤

以某款国产打磨机器人为例，了解打磨机器人的操作步骤。

（1）使用前的准备和检查

1）App 与机器人连接是否正常。

2）查看 App 界面上 4 个测距传感器是否正常。

3）机械臂是否初始化完成。

（2）使用方法与操作流程

1）App 与机器人的连接

打磨机器人连接界面如图 3-2-2 所示。连接机器人分如下几步：

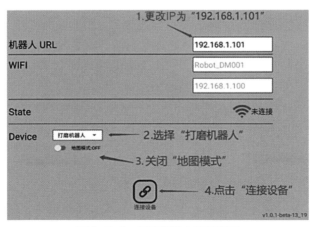

图 3-2-2　打磨机器人连接界面

①平板连接打磨机器人 Wi-Fi 信号，Wi-Fi 名称：Robot_DM001。

②打开打磨机器人 App，更改平板上的机器人 URL 为"192.168.1.101"。

③点击 Device 下拉框选择"打磨机器人"。

④关闭"地图模式"。

⑤点击"连接设备"。

连接成功后，如图 3-2-3 所示，点击"开始作业"，进入工作界面；点击"断开连接"，断开设备连接，返回设备连接界面。

图 3-2-3　机器人连接成功界面

2）App 工作界面功能介绍

App 工作界面如图 3-2-4 所示。图 3-2-4 中：①为打磨机故障显示区域，出现故障时显示为红色，并且记录了当前故障与上一个故障，便于问题排查。②为自动作业开始

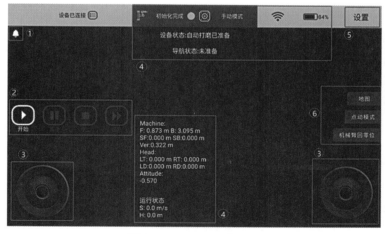

图 3-2-4　App 工作界面

按钮，在自动作业过程中，可以进行暂停、停止与恢复的操作。③为两个摇杆，在打磨机器人处于转运模式时，用于控制前进与转向。④为打磨机器人一些状态的显示，更好进行人机交互，例如，车身传感器的数值，打磨机器人的状态，机械臂的状态等。⑤为设置按钮，点击设置按钮弹出设置界面。可以设置移动速度，移动角速度，作业运行速度，作业高度等参数。⑥为点动模式和机械臂回零点的按钮。

3）机器人运动控制介绍

如图 3-2-5 所示，在屏幕左下角与右下角，各有一个摇杆，对机器人的速度进行了映射，左下角摇杆，用于控制机器人前进与后退，越向前推，前进速度越接近设定最大值，后退也是如此，右下角摇杆用于控制机器人左转与右转，越向左推，左转速度越接近设定最大值，右转也是如此。

图 3-2-5　App 控制界面

4）机器人自动模式、点动模式、转运模式切换介绍

机器人有三种模式，即自动模式、点动模式、转运模式。在屏幕左边，点击开始按钮，切换为自动模式，机器人会根据地图全自动进行作业。在屏幕右边，点击点动模式，切换为点动模式，在点动模式界面上有打磨道数选择按钮，如图 3-2-6 所示。操作人员可以输入打磨第几道，打磨头会移动到相应第几道，也可以按"+"或"-"来改变打磨的位置。磨头到位后，点击"点动开始"按钮，开始打磨当前这一道。

自动模式下或者点动模式下，点击停止或者取消即切换回转运模式。

5）转移小车至作业点

转运模式下将小车转移至需要作业的点，要求安装测距传感器的一侧离墙至少0.83m。

图 3-2-6　点动打磨

6）移动速度、移动角速度、作业运行速度与作业高度等设置

点击屏幕右上角，进入参数设置界面，如图 3-2-7 所示。

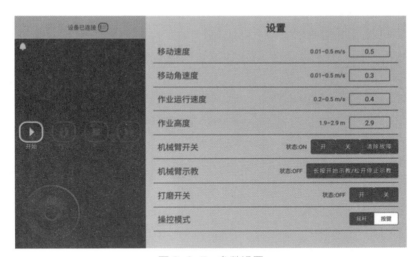

图 3-2-7　参数设置

设备上共有 4 个按钮和 1 个指示灯，如图 3-2-8 所示。

图 3-2-8 中：①为设备"开机按钮"；②为机械臂"开机按钮"，机械臂单独关机之后，才会使用这个按钮来单独给机械臂开机；③为设备"急停按钮"；④为机械臂"关机按钮"；⑤为设备指示灯。黄灯为转运状态；绿灯为工作状态；红灯为故障状态。

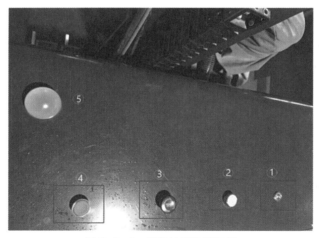

图 3-2-8　设备按钮和指示灯

7）操作流程介绍

①按下设备"开机按钮"，设备上电。

②使用平板搜索打磨机的 Wi-Fi，找到之后，连接 Wi-Fi。

③连接 Wi-Fi 成功后，打开打磨机器人 App，进入界面，连接设备。

④设备连接成功后，App 进入工作界面。

⑤打磨作业前，确认机械臂状态是否为"初始化完成"，如果是，先点击界面上的"回零"按钮，机械臂手动回零。

⑥自动作业：首先转移小车至指定位置，设置作业速度和作业高度。设置完成后，就可以按"自动作业"开始按钮，开始自动打磨作业，直到需要作业的墙面作业完成。

⑦自动作业完成后，如有漏打和打磨不好处，可以选择点动打磨，按照点动使用方法，补打一道。

⑧所有的打磨作业完成之后，需要关机操作。先按下机械臂"关机按钮"，等待 4、5 秒之后，再按下设备"关机按钮"，完成设备关机。

 任务实施

请通过查阅文献和复习教材，说出打磨机器人的施工流程和操作步骤。

 学习小结

打磨机器人的操作步骤主要为使用前的准备和检查、网络连接、使用 App、操控机器人等，需要对 App 的操作界面有基本了解。

知识拓展

码 3-2-1　打磨机器人的功能和特点

习题与思考

一、填空题

1.打磨机器人的模组升降单元是用来调节打磨机器人的_____。

2.打磨机器人有三种模式，分别为自动模式、_____模式、_____模式。

3.打磨机器人对于需要补打的区域进行_____打磨。

4.打磨机器人操作的第一步是用平板电脑连接打磨机器人的_____。

二、简答题

1.打磨机器人每个单元的功能是什么？

2.打磨机器人的施工流程是哪些？

三、讨论题

结合参观与文献查询，你觉得打磨机器人和喷涂机器人的施工方式有何不同？

码 3-2-2　项目 3.2 习题与思考参考答案

项目 3.3　其他装饰工程机器人

教学目标

一、知识目标

1. 了解其他装饰工程机器人的作用；

2. 了解传统地坪施工存在的问题；

3. 了解其他装饰工程机器人的工作原理和适用场景。

二、能力目标

能说明其他装饰工程机器人的适用场景。

三、素养目标

1. 能够主动学习和探索地坪漆涂敷机器人的工作原理和操作方法；

2. 能够发现和挖掘地坪研磨机器人及其他装饰工程机器人的使用价值和施工方法。

学习任务

理解其他装饰工程机器人的工作原理和适用场景。

建议学时

1 学时

思维导图

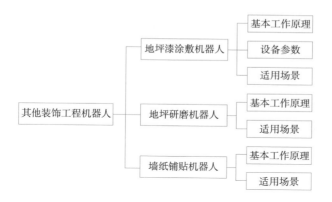

任务 3.3.1　地坪和墙面装饰机器人

 任务引入

其他装饰工程机器人如地坪漆涂敷机器人、地坪研磨机器人、墙纸铺贴机器人等，在建筑工程项目中起着重要的作用，能够提高工程施工效率、工程质量，减少工程成本等。

 知识与技能

1. 地坪漆涂敷机器人

在传统施工中，地坪漆施工受材料特性、施工工艺、施工流程等因素影响，普遍存在以下问题：

（1）环境差，通风照明差，粉尘、挥发气体污染。

（2）强度大，工作体量大、体力消耗快，工序多且杂。

（3）效率低，现场施工人员多，施工一致性差。

（4）招工难，适龄工人数量下降，劳务成本上涨。

地坪漆涂敷机器人通过激光雷达与 BIM 结合进行定位导航，进行智能路径规划，全自动完成地坪漆的底漆、中涂漆以及面漆的涂敷。该机器人能够通过功能模块更换，实现不同材料和不同工序的涂敷，达到一机多用。机器人能够自动完成墙柱边角区域的环氧地坪漆涂敷。其适用于住宅小区地下车库、商业广场写字楼地下车库地面处理施工，以及相同工艺的工厂、医院等场景的地坪施工等。本书以市场上某机器人 C 为例，了解其性能参数，如表 3-3-1 所示。

地坪漆涂敷机器人 C 设备参数   表 3-3-1

性能参数指标	应达到标准 / 等级	性能参数指标	应达到标准 / 等级
整机质量	≤ 500kg（空载）	作业宽度	2.8m（刮涂）/3.8m（辊涂）
整机尺寸	1400mm × 1050mm × 1800mm	覆盖率	≥ 95%
续航时间	≥ 8h	越障高度	≤ 30mm
充电时间	4h（普充）	越沟宽度	≤ 50mm
涂料装载量	主漆 80L/ 固化剂 40L	移动速度	≤ 1m/s

2. 地坪研磨机器人

在传统地坪研磨施工过程中，经常存在以下问题：

（1）效率低：人力多，施工效率受人为制约。

（2）质量低：施工效果一致性差。

（3）成本高：劳务成本持续上涨。

（4）强度高：工作体量大，消耗体力。

（5）环境差：通风差，粉尘污染。

地坪研磨机器人主要用于去除混凝土表面浮浆，适用于住宅小区地下车库、商业广场写字楼地下车库的地面处理施工，以及相同工艺的工厂、医院等场景的地坪施工等。以市场上某地坪研磨机器人 D 和 E 为例，其采用大功率电机带动研磨盘高速旋转，通过激光雷达扫描，识别出墙、柱等物体位置信息，实现机器人定位和导航，实现全自动研磨作业，大幅提升研磨质量。

3. 墙纸铺贴机器人

墙纸铺贴机器人用于室内装修工程中的墙纸铺贴作业，依靠激光 SLAM 技术和全向移动底盘，能够实现不同作业面之间的自主移动。参考人工铺贴工艺，设计了高度集成的上装机构，实现墙纸输送、涂胶、裁剪、铺贴等多功能于一体。

墙纸铺贴机器人基于视觉检测与激光标定技术，保障墙纸铺贴的平整度、垂直度和搭边距离。墙纸铺贴机器人具备防撞、停障、雷达偏移报警、过负载报警等安全功能，人与物的安全均能得到保障。

任务实施

请通过查阅文献和复习教材，说出 1~2 种本书中没有提到的装饰工程机器人。

学习小结

其他类型的装饰工程机器人包括地坪漆涂敷机器人、地坪研磨机器人、墙纸铺贴机器人等，其具有作业效率高、施工质量好等优点。

知识拓展

码 3-3-1　装饰工程机器人的导航优化

习题与思考

一、填空题

1. 地坪漆涂敷机器人通过激光雷达与_____结合进行定位导航。

2. 地坪漆涂敷机器人能够通过功能模块更换，实现不同材料和不同工序的涂敷，达到_____。

3. 地坪研磨机器人主要用于去除_____。

4. 墙纸铺贴机器人的工作原理主要基于_____与_____技术。

二、简答题

1. 地坪漆涂敷机器人的工作原理主要是什么？

2. 地坪研磨机器人主要应用于哪些场景？

3. 墙纸铺贴机器人的基本工作原理是什么？

三、讨论题

请论述 3 种以上其他类型的装饰工程机器人的特点与功能。

码 3-3-2　项目 3.3 习题与思考参考答案

项目 4.1　实测实量智能装备的应用

教学目标 📖

一、知识目标

1. 了解实测实量智能装备的基本组成、功能特点、数据闭环管理及分享；

2. 了解实测实量智能装备的工作准备、工作流程及数据应用。

二、能力目标

1. 能够说明实测实量智能装备的工作准备、工作流程、数据应用；

2. 能够清晰阐述实测实量智能装备维护和保养事项。

三、素养目标

1. 理解实测实量智能装备对建筑业发展的意义；

2 具有一定的创新思维，学习实测实量智能装备应用方案，思考新应用场景可以创造性解决问题。

学习任务 ▦

掌握实测实量智能装备的基本概念和工作流程，理解实测实量智能装备的数据应用，通过数据应用案例开展实践。

建议学时 ✛

6 学时

思维导图

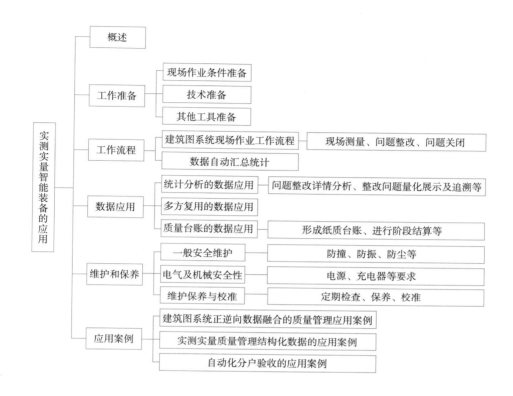

任务 4.1.1　实测实量智能装备概述

 任务引入

　　基于人工智能的实测实量智能装备，在不改变建筑业工作方式的基础上，可自动现场逆向建模并输出质量管理结构化数据，进行数据分析与质量提升指导，获得建造全生命周期管理的各阶段及运维所需的结构化数据，促进建筑行业走向自动化与智能化的高品质建造。

 知识与技能

1. 了解实测实量智能装备的基本组成

实测实量智能装备的基本组成主要分为硬件系统与软件系统。

（1）实测实量智能装备的硬件系统

实测实量智能装备的硬件系统主要包括以下五个部件系统：

1）传感器系统

实测实量智能装备内置多种传感器协同工作，主要可分为：

①三维空间激光传感器：通过激光传感器测量激光传导时间。测量方法分为脉冲式和调制波测量，较为常用的是脉冲式测量，可实现三维空间数据的获取。

②角度传感器：计算智能装备与水平面之间的夹角关系，实现智能装备自动找平。

③图像传感器：在某些使用场景下使用实测实量智能装备需结合三维空间数据进行全景拍照、彩色渲染，实现高精度彩色实景还原。

2）控制系统

实测实量智能装备是光机电一体化结构，能够基于微处理器运行的控制系统对整个实测实量智能装备的机械及运动部件进行控制。

3）机械结构

其主要包括实测实量智能装备整体框架结构、支撑结构、运动结构等。

4）通信系统

其用于实测实量智能装备与外部设备之间进行数据传输和控制指令的发送。

5）边缘计算

实测实量智能装备一般自带边缘计算单元，可直接嵌入相关人工智能算法及应用程序，使其成为一个具备边缘计算能力的智能终端，方便在施工现场无需联网也可直接计算并输出所需数据，辅助施工现场人员实时决策（图4-1-1）。

图 4-1-1　实测实量智能装备

（2）实测实量智能装备的软件系统

实测实量智能装备软件系统是为施工建造全过程的实测实量结构化数据处理、统计、分析、管理而研发设计的系统。

实测实量智能装备软件系统围绕工程管理系统和能力系统，通过云计算与边缘计算协同的方式进行多端数据流转与处理。全部数据结果会回流至工程管理系统进行持久化存储，供后续参建方数据追溯、问题整改、数据分析使用，如图4-1-2所示。

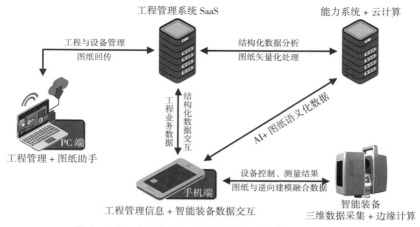

图 4-1-2　实测实量智能装备软件系统数据流转示意图

2. 了解实测实量智能装备功能特点

（1）人机协同

测量人员与实测实量智能装备可组合为一人一机，以开展现场自动测量工作。通常施工现场上网环境受限，智能装备无需在施工现场上网实现自动化测量，通过人机协同的方式完成离线实测实量并同时在现场获得该房间实测实量数据，如图 4-1-3 所示。

图4-1-3　一人一机离线测量

（2）测量时长

实测实量智能装备离线测量单房间平均时长 3 分钟，可本地离线完成单房间的数据采集工作及该房间实测实量数据的自动化输出工作。

（3）测量指标

实测实量智能装备可进行墙、顶、地的全墙面多指标一次性全采样测量，并实时输出实测实量结构化的各指标项数据，主要测量指标如图 4-1-4 所示。

109

工具名称	参考图片	主要实测指标
实测实量智能装备	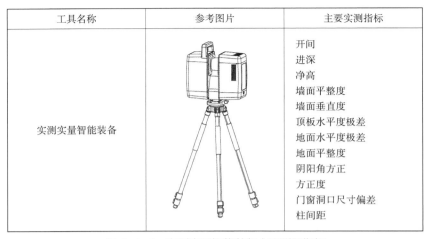	开间 进深 净高 墙面平整度 墙面垂直度 顶板水平度极差 地面水平度极差 地面平整度 阴阳角方正 方正度 门窗洞口尺寸偏差 柱间距

图 4-1-4　实测实量智能装备主要测量指标

（4）数据生成

实测实量智能装备可本地离线自动输出结构化数据结果，包含受测房间可交互的三维模型、各测量指标结果、与设计值的比对结果等，如图 4-1-5 所示。

图 4-1-5　可交互的三维模型及各测量指标结果

（5）施工过程阶段指标

实测实量智能装备可支持混凝土阶段、砌筑阶段、抹灰阶段、土建移交阶段、装饰阶段、分户查验阶段及分户验收阶段的过程实测实量指标，满足过程质量查验、质量提升的需要，如图 4-1-6 所示。

3.了解实测实量智能装备的数据闭环管理及分享

实测实量数据管理涉及多参建方，包括建设方、施工方、监理方、材料供应方等。对施工过程中产生的各种数据进行收集、整理、存储、分析和应用，将数据分析结果和

混凝土阶段	砌筑阶段	抹灰阶段	土建移交阶段	装饰阶段	分户查验阶段	分户验收阶段
			房间开间/进深偏差	房间开间/进深偏差	房间开间/进深偏差	房间开间/进深偏差
			阴阳角方正	阴阳角方正	阴阳角方正	阴阳角方正
			户内门洞尺寸偏差	户内门洞尺寸偏差	户内门洞尺寸偏差	户内门洞尺寸偏差
	内门窗洞口尺寸偏差	跨门窗洞平整度	跨门窗洞平整度	跨门窗洞平整度	跨门窗洞平整度	
	跨门窗洞平整度	地面水平度极差	地面水平度极差	地面水平度极差	地面水平度极差	
	开间/进深偏差	地面表面平整度	地面表面平整度	地面表面平整度	地面表面平整度	
	房间方正度	房间方正度	房间方正度	房间方正度	房间方正度	
跨门窗洞平整度	墙面平整度	墙面平整度	墙面平整度	墙面平整度	墙面平整度	
墙面平整度	墙面垂直度	墙面垂直度	墙面垂直度	墙面垂直度	墙面垂直度	
墙面垂直度	顶板水平度极差	顶板水平度极差	顶板水平度极差	顶板水平度极差	顶板水平度极差	房间开间/进深
顶板水平度极差	室内净高	室内净高	室内净高	室内净高	室内净高	室内净高

图 4-1-6　施工过程各阶段实测实量指标项

管理经验进行分享和交流。通过共享，可更好地了解施工质量状况，发现问题和隐患，制定改进措施，促进不同人员、不同企业之间的经验和技术交流。

 任务实施

请通过查阅文献和教材，说出实测实量智能装备的优点，并陈述实测实量智能装备的基本组成。

 学习小结

实测实量智能装备包括硬件系统和软件系统。硬件系统又包括传感器系统、控制系统、机械结构、通信系统、边缘计算。

任务 4.1.2　实测实量智能装备的工作准备

 任务引入

为满足实测实量智能装备在进入施工现场后开展高效率施工测量、自动化输出数据，需提前观察施工界面条件，进行技术准备等工作，以下将详细介绍实测实量智能装备开展工作准备的方法。

知识与技能

1. 现场作业条件准备

（1）施工界面条件

施工现场界面需满足施工工序完成后的实测实量作业界面，如混凝土阶段、砌筑阶段、抹灰阶段等。

（2）部分场地清理

实测实量智能装备具备现场杂物识别与自动避障功能，小面积杂物不影响测量结果，如图 4-1-7 所示，但杂物堆积面积、体积较大时，如图 4-1-8 所示，则会影响受遮挡墙体的测量数据，导致受测房间数据采样率下降，需要清理建筑垃圾或移走遮挡物。

图 4-1-7　杂物识别与自动避障测量　　　　　　图 4-1-8　大面积杂物堆积

（3）现场作业环境

实测实量智能装备在室内开展测量作业时不受天气、温湿度、光线强弱、黑暗环境的影响，但测量作业时在保障人身安全的前提下，应注意室内作业环境避免出现较强横风（5~6 级以上）、近距离有较强振动（可明显感知到的地板振动）等情况，这会使智能装备测量结果产生数据偏移。

2. 技术准备

（1）机器人进场准备

实测实量智能装备进场前，为保障设备的正常连续工作，应确认设备完好、电池电量充足，三脚架、充电器等所需设备齐全，快装板已固定在三脚架上。了解整体实测实量智能装备工作流程的重点环节，包括图纸处理、测量、整改、复测，如图 4-1-9 所示。

（2）进场测量准备

1）实测实量智能装备提供建筑图系统作业实施方法，进场测量准备阶段主要工作流程如下：

图 4-1-9　整体实测实量智能装备工作流程重点环节

建立项目→上传图纸（建筑图、结构图等）→通过图纸助手进行图纸处理→图纸查看（含设计值配置）→配置人员权限→配置测量方案。

2）为便于实测实量智能装备进场的快速测量，应提前了解现场施工项目整体的设计内容及施工要求。

3）应提前了解现场施工的材料与工艺。

（3）图纸处理准备

1）了解图纸助手的功能

使用专用图纸助手开展图纸处理，以 Web+ 人机交互的形式完成识图工作，将 CAD 图纸中无语义的点、线转变为机器语言可识别的 BIM 数据（剪力墙、隔墙、门、窗等），并基于该识图结果，通过算法深入挖掘 BIM 数据，包括方位、房间、户型、站点等信息。

2）图纸助手的操作流程

图纸助手在准备阶段开展项目初始化、图纸处理的操作步骤见表 4-1-1。

图纸助手操作步骤　　　　　　　　　　　　　　　　　　表 4-1-1

主要步骤	作用
上传 dwg 图纸	将 CAD 图纸自动转化为 Web 可以显示文件，让用户可以基于 Web 进行识图
图纸划区	CAD 图纸一般是以标准层 / 非标准层为单位划分图纸。故一个项目的图纸会对应很多张图纸
	图纸划区就是将整个项目图纸，拆分成一个个单一的图纸方便后续处理
图纸识图	识别承重墙，隔墙，门，窗，电梯，楼梯等
户型划分	基于识图结果，通过算法识别户型、房间等 BIM 数据
站点规划	基于合并后的户型，进行站点规划，减少图纸工作量，指导现场测量
图纸数据上传	处理完成后，将图纸数据传送至云端，供前端 App 调用

（4）测量方案准备

根据施工项目了解各施工阶段的测量内容、各施工阶段的判定标准、合格率标准。

113

为适应或提高施工项目的质量标准，实测实量智能装备可模拟人工五尺测量法（图4-1-10）、全墙面缺陷测量法（图4-1-11、图4-1-12），可根据施工质量要求选择其中一种测量方法。

3. 其他工具准备

其他工具：无尘布、手机、安全帽、黄色反光背心、配套的蓝牙测距仪、蓝牙卷尺等。

上述准备工作完成后可开展现场测量工作。

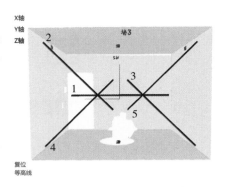

图4-1-10　人工五尺测量法

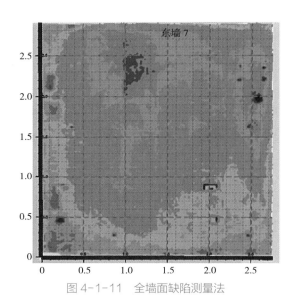

图4-1-11　全墙面缺陷测量法

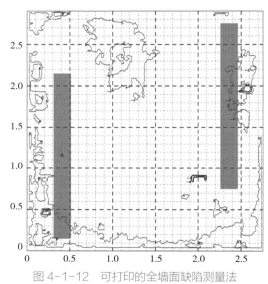

图4-1-12　可打印的全墙面缺陷测量法

 任务实施

通过参观和查阅资料，对实测实量智能装备的施工准备进行概要描述。

 学习小结

实测实量智能装备的施工准备工作包括现场作业条件准备、技术准备、其他工具准备。现场作业条件准备包括施工界面条件、部分场地清理、现场作业环境等。

任务 4.1.3　实测实量智能装备的工作流程

任务引入

完成准备工作后，可采用实测实量智能装备开展测量工作，建筑图系统现场作业主要分为现场测量、问题整改、问题关闭三个主要的工作流程。

知识与技能

1. 建筑图系统现场作业工作流程

（1）现场测量

下载项目及图纸信息到手机端实测实量智能装备应用中→连接实测实量智能装备→选择施工阶段建筑图中待测下站规划点→启动手机端实测实量智能装备测量→由手机实测实量智能装备应用查看结果→打印张贴房间数据和二维码（可选）→测量数据结果上传→图纸匹配爆点位置的整改通知单，如图 4-1-13~ 图 4-1-16 所示。

（2）问题整改

一般需要查看图纸匹配爆点位置的整改通知单，然后根据图纸爆点位置整改，如图 4-1-17、图 4-1-18 所示。或者通过扫描查看房间问题数据和二维码信息，再根据爆点数据整改，如图 4-1-19、图 4-1-20 所示。

图 4-1-13　下载信息到手机端并连接智能设备

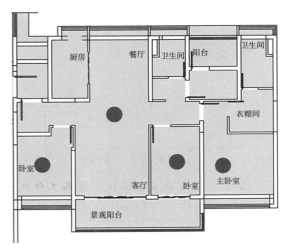

图 4-1-14　选中图纸站点测量

115

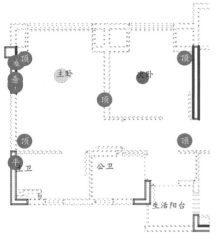

图 4-1-15　匹配图纸测量结果

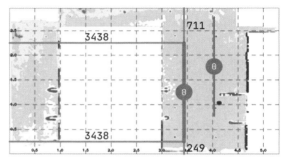

图 4-1-16　立面图测量结果

隐患整改通知单			
项目名称	xx项目	签发人	xx
施工单位	xx	监理单位	xx
户室	1栋/5层/501室		
抹灰工程/垂直度			
提 报 人	企业管理员	所在部位	书房/南墙
提报时间	2023/7/6 9:33	整改时限	
问题描述	实测值：-5		

图 4-1-17　问题位置图整改通知单

图 4-1-18　结合整改通知单的现场问题整改

测试				二维码地址	
墙编号：3（东）					
检查项	允许偏差	实测值			
平整度	[0，4]	4	4	3	5	3
垂直度	[0，4]	1	0	2	2	1
阴阳角（东：南）	<=4	3	3			
阴阳角（东：北）	<=4	4	1			
施工单位		监理单位		2023/5/11	

图 4-1-19　房间数据和二维码

图 4-1-20　现场问题整改

（3）问题关闭

下载现场测量图纸，匹配爆点位置问题数据到手机端实测实量智能装备应用→实测实量智能装备或人工量具复测验证→手机端实测实量智能装备应用问题关闭→结果上传→问题关闭，如图 4-1-21 所示。

图 4-1-21　复测验证结果及问题关闭

2. 数据自动汇总统计

在现场测量完毕，数据批量回传管理端后，可自动汇总及统计不同维度的数据，以节省实测实量管理数据统计的时间，降低人工填报出错的可能性，便于数据管理和问题追溯。数据表格按照所需类别可分为：全墙面缺陷汇总报表、单房间实测实量数据表、户室实测实量数据表、楼层实测实量数据表、楼栋实测实量数据表、楼层测量点合格率、项目实测实量数据表、实测实量一户一表等，见表 4-1-2、表 4-1-3。

户室实测实量数据表　　　　　　　　　　　　　　　　　　表 4-1-2

项目名称	×××项目		总包单位	×××		施工阶段	砌体工程	
项目负责人	×××		测量位置	×××		监理负责人	×××	
检查部位	1 栋 /806 室		测量面积（m²）	×××		检查日期	2023-7-5	
检查项目	测量房间	评判标准（mm）	实测数据记录		总点数	不合格点数	合格点数	合格率（%）	备注
			测量位置	实测值					
垂直度	书房	[-5, 5]	西墙	5	1	0	1	100.00	
	卧室	[-5, 5]	西墙	1　0	2	0	2	100.00	
	卫生间	[-5, 5]	南墙	3　2	6	2	4	66.67	
			东墙	11					
			北墙	4　-4					
			西墙	7					
	厨房	[-5, 5]	南墙	5　5	2	0	2	100.00	
	房间	[-5, 5]	西墙	0	1	0	1	100.00	
	玄关	[-5, 5]	东墙	-3	1	0	1	100.00	

续表

检查项目	测量房间	评判标准（mm）	实测数据记录						总点数	不合格点数	合格点数	合格率（%）	备注
			测量位置	实测值									
墙面平整度	书房	[0，8]	西墙	5	36				2	1	1	50.00	
	卧室	[0，8]	西墙	4	1	2	5		4	0	4	100.00	
	卫生间	[0，8]	东墙	7	3	4			9	4	5	55.56	
			西墙	2	4								
			北墙	9	10	10	11						
	厨房	[0，8]	南墙	5					1	0	1	100.00	
	房间	[0，8]	西墙	4					1	0	1	100.00	
	玄关	[0，8]	东墙	1					1	0	1	100.00	

楼层测量点合格率   表 4-1-3

项目名称	×××项目	总包单位	×××	施工阶段	砌体工程
项目负责人	×××	测量位置	×××	监理负责人	×××
检查部位	1 栋 /10 层	楼层使用面积（m²）	×××	制表日期	2023-7-28

实测指标数据

检查项目	设计值（mm）	评判标准（mm）	实测数据统计				备注
			总点数（个）	不合格点数（个）	合格点数（个）	合格率（%）	
顶板水平度极差	/	[0，15]	45	0	45	100.00	
阴阳角方正	/	[-4，4]	52	6	46	88.46	
混凝土平整度	/	[0，8]	62	0	62	100.00	
混凝土垂直度	/	[-5，5]	54	10	44	81.48	
方正度	/	[0，4]	8	7	1	12.50	
房间开间偏差	/	[-15，15]	13	3	10	76.92	
户内门洞尺寸高度偏差	/	[-15，15]	46	0	46	100.00	
户内门洞尺寸宽度偏差	/	[-15，15]	46	0	46	100.00	
室内净高偏差	/	[-15，15]	35	35	0	0.00	
房间进深偏差	/	[-15，15]	13	6	7	53.85	
外门窗洞口尺寸高度偏差	/	[-15，15]	8	0	8	100.00	
外门窗洞口尺寸宽度偏差	/	[-15，15]	8	0	8	100.00	
墙面平整度	/	[0，8]	49	5	44	89.80	

续表

检查项目	设计值（mm）	评判标准（mm）	实测数据统计				备注
			总点数（个）	不合格点数（个）	合格点数（个）	合格率（%）	
垂直度	/	[-5，5]	30	11	19	63.33	
墙面尺寸	/	/	16	0	16	100.00	
地面平整度	/	[0，4]	3	3	0	0.00	
地面水平度极差	/	≤ 10	5	1	4	80.00	
合计			493	87	406	82.40	

面积数据

检查项目	设计值（m²）	评判标准（m²）	实测数据统计				备注
			总点数（个）	不合格点数（个）	合格点数（个）	合格率(%)	
顶板总面积	/	/	1	0	1	100.00	
各墙面面积	/	/	8	0	8	100.00	
墙面总面积	/	/	1	0	1	100.00	
地面总面积	/	/	1	0	1	100.00	
合计			11	0	11	100.00	

 任务实施

通过参观和查阅资料，对实测实量智能装备的工作流程进行概要描述。

 学习小结

实测实量智能装备的工作流程主要包括现场测量、问题整改、问题关闭、数据自动汇总统计等工作流程。

任务 4.1.4 　实测实量智能装备的数据应用

 任务引入

实测实量实施与管理过程中，数字化、量化分析与应用是至关重要的一环，可以帮助建造施工企业与参建方提升业务管理水平、提高效率、降低成本、优化决策，从而实现施工质量可控的目标。

知识与技能

1. 实测实量智能装备统计分析的数据应用

（1）实测实量问题整改详情分析

项目管理人员或质量负责人通过问题整改详情分析，可观察实测实量问题的指标分布情况及实测实量问题整改的进度，如图 4-1-22 所示。

（2）整改问题量化展示及追溯

项目管理人员或质量负责人结合 BIM 图纸呈现实测实量问题的具体问题方位，以及针对问题的全过程追踪，直至问题得到解决，满足高质量交付，如图 4-1-23 所示。

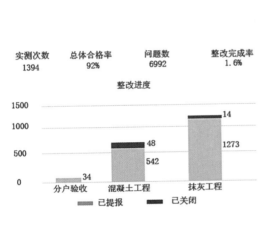

图 4-1-22　实测实量问题整改详情示意图

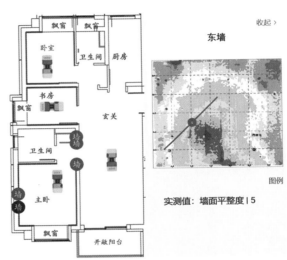

图 4-1-23　整改问题量化展示及追溯示意图

（3）实测实量指数分析

企业级和项目级整体实测实量指标合格率的统计与分析，可以深入到项目、分期、施工阶段、楼栋、具体指标项等更细节的指标合格情况，如图 4-1-24 所示。

2. 实测实量智能装备多方复用的数据应用

建造工程实测实量数据是体现建筑施工质量水平的显性数据，参建各方在各施工阶段通过实测实量数据进行施工质量的管理、整改、评价。实测实量智能装备对室内墙、顶、地进行 360° 全方位全墙面无死角无人工干预测量。可三维自动测量的几何数据指标包括：墙面平整度、墙面垂直度、顶板水平度极差、地面平整度、地面水平度极差、门洞口尺寸偏差、方正度、阴阳角、开间、进深、净高等，并可输出墙、顶、地具体的问题位置，指导人工整改，形成等高线图问题指示图，如图 4-1-25 所示，有效提升各施

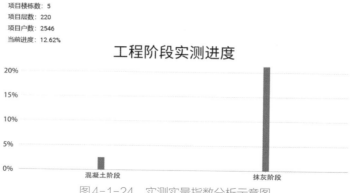

图 4-1-24　实测实量指数分析示意图

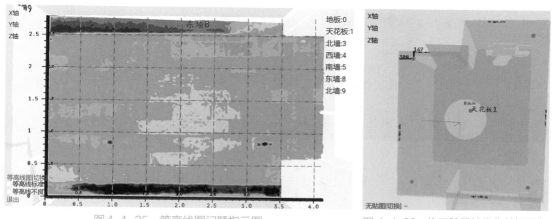

图 4-1-25　等高线图问题指示图　　　　图 4-1-26　施工阶段结构化数据留存

工阶段质量。建造施工中采用实测实量智能装备全检，各施工阶段结构化数据得以留存，如图 4-1-26 所示。

　　相关参建方无需做进场前全测，可直接采用相应施工阶段数据，监理单位以及政府质监部门核验时，也可使用相应阶段数据进行复核、验收，全检数据多方复用的应用全面提高了各施工阶段的运行效率，改变了传统建造各阶段质量管理工作逻辑，如图 4-1-27 所示。

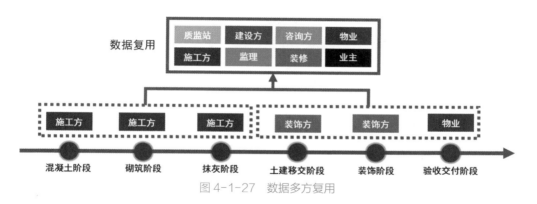

图 4-1-27　数据多方复用

121

3. 实测实量智能装备质量台账的数据应用

在各施工阶段通过建筑图记录实测实量各指标数据，施工界面移交或交付时形成大量纸质台账，可进行阶段性结算工作，如图 4-1-28 所示。

实测实量智能装备可通过建筑图系统作业方法，将各施工阶段现场测量点位及数据结果自动与建筑图匹配，形成电子台账，从而缩短结算统计、整理的工作量，如图 4-1-29 所示。

 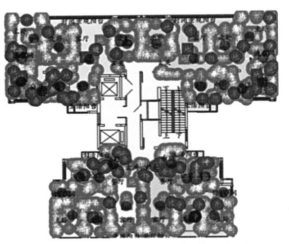

图 4-1-28　实测实量大量纸质台账　　　　图 4-1-29　数据自动匹配建筑图的电子台账

 任务实施

请通过查阅文献和复习教材，阐述实测实量智能装备数据应用的重要性及应用范围。

 学习小结

实测实量智能装备的数据应用主要包括统计分析的数据应用、多方复用的数据应用、质量台账的数据应用等。

任务 4.1.5　实测实量智能装备的维护和保养

 任务引入

实测实量智能设备属于精密仪器，其内部的结构件和电子器件需要进行仔细和科学的维护，否则容易导致测量精确度下降，甚至失效，造成工作延误和高昂维修资金。因此，要更多关注实测实量智能装备的维护和保养。

知识与技能

1. 一般安全维护

在搬运实测实量智能装备时，须关闭装备，取出电池，防止掉落，避免剧烈振动或强烈撞击，这可能会损坏装备，使用标配的三防箱可提供防撞、防振、防尘等保护。

长期存放实测实量智能装备，须取出电池，将装备和电池放在标配的三防箱中，避免受到环境影响，须储存在通风良好的区域，勿暴露在极限高温或低温环境中。

实测实量智能装备工作环境温度：0~40℃，储存环境温度：-10~50℃，储存湿度范围：0%~60%，充电温度：0~40℃。

勿在热源附近使用，这些热源包括散热器、加热器或其他产热的产品。

勿接触雨水或浸入水、液体中，这可能导致智能装备损坏、着火或漏电。

勿在强烈磁场或电场的附近使用智能装备。

从寒冷的环境转移到温暖的环境时，水汽可能在智能装备内部的某些元件上发生冷凝。请待可观察到的冷凝水蒸发后再使用智能装备。

应经常检查智能装备标配的电源线或插头是否有损伤。

2. 电气及机械安全性

实测实量智能装备采用 1 类激光雷达，不会对人体产生伤害。

须在干燥的室内环境中使用电源，避免发生危险。

须确保线路电压满足充电适配器的规格要求。

须使用原装充电器对电池充电。

勿通过缝隙将任何异物塞入智能装备，这会导致危险或装备短路。

勿在智能装备充电器中使用潮湿或不洁净的电池。

存放电池之前应保证电池至少充 60% 的电量。长期存放每季度需对电池充电一次。

电池须储存在通风良好的区域，勿与金属物一起存放，电池端子短路可能会导致燃烧。

智能装备需通过三脚架置于平稳地面上使用，防止发生侧翻损坏装备。

运行前确保智能装备旋转时不会触碰到任何物体，运行时勿用手或任何物体接触装备。

3. 维护保养与校准

为避免光学器件（激光雷达、工业相机等）污染影响测量效果，需对光学器件进行维护保养。在清洁光学器件之前，需关闭智能装备，使用无尘布轻轻擦拭光学器件表面以除去油脂或灰尘，勿用手或纸巾直接触碰光学器件表面。

每月检查一次实测实量智能装备，这有助于保障测量质量。

实测实量智能装备须每年返厂保养同时校准一次，可延长装备的使用寿命并保障精度。

任务实施

请通过查阅文献和复习教材，论述实测实量智能装备的维护和保养的要点。

 学习小结

实测实量智能装备维护保养主要包括一般安全维护、电气及机械安全性、维护保养与校准等事项，影响着实测实量装备的工作效率和使用寿命。

任务 4.1.6 实测实量智能装备的应用案例

 任务引入

实测实量智能装备作为建筑机器人领域实用、易落地的新技术，已被行业广泛用于主体、砌筑、抹灰、土建移交以及分户验收等施工的各个阶段。

 知识与技能

1. 建筑图系统正逆向数据融合的质量管理应用案例

某房地产行业集团采用建筑图系统作业法，深度融合集团工程管理平台与实测实量智能装备，通过建筑图矢量化处理技术、测量站点规划技术以及自动匹配技术，将各项目施工阶段质量数据打通，开展过程质量评测，如图4-1-30、图4-1-31所示。

图4-1-30 一人一机现场测量

2. 实测实量质量管理结构化数据的应用案例

某建筑施工集团，通过使用实测实量智能装备，应用大数据统计自动汇总质量数据合格率，实时掌握一手质量数据；通过云端存储查询历史数据、各施工阶段可交互的三维数据模型，问题整改过程清晰可见，实现了可永久追溯的一户一档，如图4-1-32~图4-1-34所示。

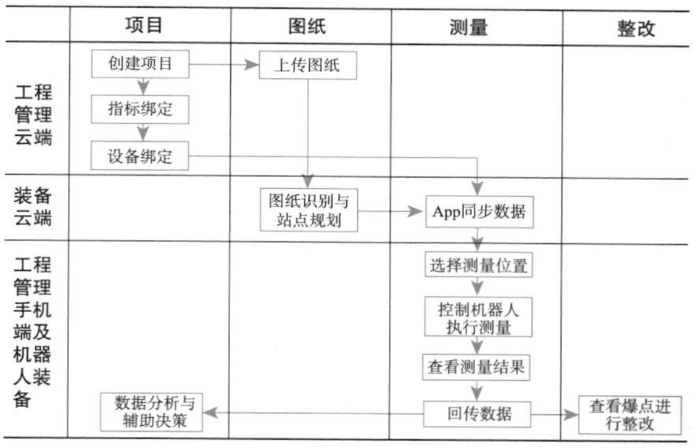

	项目	图纸	测量	整改
工程 管理 云端	创建项目 指标绑定 设备绑定	上传图纸		
装备 云端		图纸识别与 站点规划	App同步数据	
工程 管理 手机 端及 机器 人装 备	数据分析与 辅助决策		选择测量位置 控制机器人 执行测量 查看测量结果 回传数据	查看爆点进 行整改

图 4-1-31　实测实量智能装备操作流程

图 4-1-32　施工现场测量

☐	项目	施工阶段	楼栋	测点	测量时间	测量员	测量设备	操作
☐	任务模式测试	抹灰工程	1号楼	1层/101室/ 测位10	2023-06-15 17:20	zm01	U360EN0 0064	数据上墙 图纸查看 数据统计表 分享 房型轮廓(IFC) 操作
☐	任务模式测试	抹灰工程	1号楼	1层/101室/ 测位9	2023-06-15 16:42	zm01	U360EN0 0064	数据上墙 图纸查看 数据统计表 分享 房型轮廓(IFC) 操作
☐	任务模式测试	抹灰工程	1号楼	1层/101室/ 测位7	2023-06-15 16:15	zm01	U360EN0 0064	数据上墙 图纸查看 数据统计表 分享 房型轮廓(IFC) 操作

图 4-1-33　历史数据档案

选择楼栋　　　　　　　　　　　　　　　　　　　　　　　　　　　　楼栋报表导出

[1号楼]

1号楼-选择楼层　　　　　　　　　　　　　　　　　　　　　　　　　楼层报表导出

[1层] [2层] [3层] [4层] [5层] [6层] [7层] [8层] [9层] [10层] [11层]

1层-选择套室　　　　　　　　　　　　　　　　　　　　　　　　　　户室报表导出

[101] [102]

101-选择房间

[测位1] [测位2] [测位3] [测位4]　　　　　　　　　没有数据
[测位5] [测位6] [测位7] [测位8]
[测位9] [测位10] [测位12]

图 4-1-34　一户一档示意图

3. 自动化分户验收的应用案例

某省质监部门开发了实测实量智能装备，增加下装中部水平校准连接装置以及轮式底盘，使实测实量智能装备可自动规划路径，替代人工进行自动化测量、快速逆向建模，从而实现快速分户查验工作，并自动生成分户验收表，如图 4-1-35、图 4-1-36 和表 4-1-4 所示。

图 4-1-35　某省住房和城乡建设系统质量月活动

图 4-1-36　全自动分户验收智能装备

室内分户验收表示例　　　　　　　　　　　　　　　　表 4-1-4

××市住宅工程质量分户验收（室内净距、净高尺寸）检验记录（尺寸单位：mm）												
工程名称	无图纸户型测试									房号	1 号楼 201	
	实测值									计算值		
功能区域	净高					开间		进深		净高		开间（进深）
	H1	H2	H3	H4	H5	L1	L2	L3	L4	相邻偏差	最大偏差	最大偏差	极差
测位 1	2839	2834	2844	2844	2834	2852	2844	2805	2792	10.0	/	/	60.0
测位 2	2844	2844	2839	2834	2834	2844	2852	2805	2792	10.0	/	/	60.0
测位 3	2834	2834	2839	2844	2844	2844	2852	2792	2805	10.0	/	/	60.0
测位 4	2844	2834	2834	2844	2839	2852	2844	2805	2792	10.0	/	/	60.0

 任务实施

了解实测实量智能装备实际应用案例，阐述该设备的优势与创新点。

 **学习小结**

实测实量智能装备的应用主要包括质量管理、结构化数据、自动化分户验收等。

知识拓展

码 4-1-1　实测实量机器人的特点

习题与思考

一、填空题

1. 实测实量智能装备具备＿＿＿＿＿与＿＿＿＿＿功能，小面积杂物不影响测量结果。

2. 为适应或提高施工项目的质量标准，实测实量智能装备可采用＿＿＿＿法和＿＿＿＿法。

3. 项目管理人员或质量负责人结合＿＿＿＿＿呈现实测实量问题的具体问题位置。

4. 实测实量智能装备可通过建筑图系统作业办法，将各施工阶段现场测量点位及数据结果自动与建筑图匹配，形成＿＿＿＿。

二、简答题

1. 实测实量智能装备有哪些施工准备事项？
2. 实测实量智能装备的工作流程包括哪些内容？
3. 实测实量智能装备的数据应用包含哪些方面？

三、讨论题

简要阐述图纸助手的功能。

码 4-1-2　项目 4.1 习题与思考参考答案

项目 4.2　建筑放样机器人的应用

教学目标 📖

一、知识目标

1. 了解建筑放样机器人的组成和功能；

2. 了解建筑放样机器人的工作准备和工作流程。

二、能力目标

1. 能够说出建筑放样机器人的工作准备和工作流程；

2. 能够说出建筑放样机器人的质量检查与验收。

三、素养目标

1. 能够主动学习和探索建筑放样机器人的工作原理和操作方法；

2. 能够坚持质量检查和验收的原则和方法，养成一丝不苟的工作精神。

学习任务 📰

掌握建筑放样机器人的系统组成、功能、工作流程、质量检查与验收。

建议学时 ✛

4 学时

思维导图

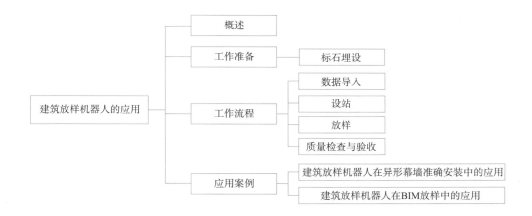

任务 4.2.1　建筑放样机器人概述

 任务引入

建筑放样机器人是在手动全站仪的基础上增加了微电脑、搜索模块、CMOS 图像传感器，内置了驱动电机等硬件。全站仪带有以上硬件装置可以接收测量目标所返回的信号并加以分析和计算，实现自动驱动转动、搜索、自动照准、自动目标锁定等功能。本任务主要介绍建筑放样机器人的组成与功能。

 知识与技能

1. 系统组成

建筑放样机器人系统通常由建筑放样机器人、通信手柄、观测棱镜以及控制手簿等组成，如图 4-2-1 所示。通信手柄可以增加建筑放样机器人的通信距离，在较远的距离也可以利用控制手簿完成单人作业。控制手簿与建筑放样机器人配有相同的作业软件，利用手簿可以控制建筑放样机器人完成放样等工作。建筑放样机器人可通过观测棱镜来准确识别并锁定目标，在建筑放样机器人中选择相应的棱镜类型，建筑放样机器人能够完成搜索并跟踪棱镜。

2. 自动目标识别

自动目标识别功能是建筑放样机器人的三大功能之一。自动目标识别功能能够精准

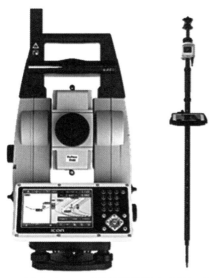

图 4-2-1　建筑放样机器人系统组成

图 4-2-2　自动照准

自动识别目标棱镜，在自动目标识别技术基础上开发出了升级版自动目标识别功能即 ATR plus 技术，采用全新的光斑分析法优化棱镜验证方法，可以自动学习目标棱镜，自动识别有效棱镜，排除无效目标，自动完成学习测量。

3. 自动照准

建筑放样机器人上的传感器通过接收照准光点，计算偏移棱镜中心的偏移量，并驱动望远镜移向棱镜中心。当十字丝中心距离棱镜中心在一定偏差范围内，望远镜停止转动，ATR 则会测量棱镜中心与十字丝中心的垂直和水平偏差，并对垂直角和水平角进行校正。所以，建筑放样机器人显示的垂直角和水平角实际是以棱镜中心为准的，采用这种照准方式，可以优化测量速度，如图 4-2-2 所示。

4. 目标跟踪

目标跟踪在测量过程中是连续进行的。目标联系一旦丢失，如测量员走到树、车等较窄的障碍物后面，ATR 将会短暂中断。仪器将保持在它所预测的棱镜轨迹上移动几秒钟，这种预测的根据是对失去目标前几秒钟里棱镜的移动情况计算出来的平均速度和方向。当目标棱镜再次进入望远镜视场，仪器将重新锁定并跟踪目标。但是如果在一定的时间内（比如 5 秒）没有找到棱镜，仪器将会自动对目标棱镜进行搜索，搜索窗口的大小则根据仪器所预测的路径长度和方向确定。ATR 可以看作是一个测量控制系统，ATR 会提供实际值、偏差值以及相应的改正量，因此在 ATR 的基础上能实现对运动目标的锁定跟踪。当目标移动时，ATR 控制系统驱动轴系让望远镜锁定跟踪目标，使测量值偏差最小，如图 4-2-3 所示。

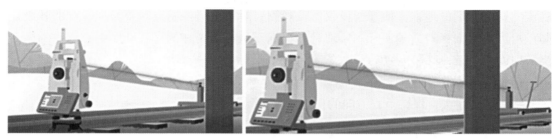

图 4-2-3　目标跟踪示意图

 任务实施

通过查阅文献和复习教材，论述建筑放样机器人的系统组成，掌握建筑放样机器人的不同功能。

 学习小结

建筑放样机器人系统主要由建筑放样机器人、通信手柄、观测棱镜及控制手簿等组成，具有自动目标识别、自动校准、目标跟踪等功能。

任务 4.2.2　建筑放样机器人工作准备和工作流程

 任务引入

放样就是将设计图纸上的建筑物点位与高程，用测量仪器标定到施工现场上的测量工作。在放样之前需要引入相应的已知点作为放样控制点。在引入已知点作为放样的控制点后，就可以在施工场地进行点位放样。另外，质量检查与验收是放样机器人施工质量的评价方法和评判过程。本任务主要介绍放样的工作准备、工作流程和质量检查与验收。

 知识与技能

1. 工作准备

在开始进行建筑放样前，首先根据已有资料获取控制点坐标与放样模型，对于没有已知控制点坐标的测区，需要在测区范围内制作控制点，控制点埋设时，点位要埋设在稳定、视野开阔的地方，便于架设仪器及观测；对于首级控制点和要长期保存的各级控制点可埋设地面标石或地面标志。埋设地面标石是将灌制好的嵌有金属中心标志的标石浇筑埋设于地面，待标桩稳定后才能开始观测。

标石埋设应符合下列规定：

（1）稳固耐久，保持垂直方向的稳定。

（2）标石的底部埋设在冻土层以下，并浇筑混凝土基础。

（3）点位埋设好了之后需要制作点之记便于保存。

2. 数据导入

在软件中打开 BIM 数据，如 Revit 软件，加载 BIM 数据并选取点。首先需要选取控制点的数据作为控制数据，选取完成后可输出为 XML 格式的数据文件。控制点选取完成后，能够在 BIM 数据中快速拾取放样点，拾取出示例放样点后同类型的放样点即可完成批量拾取，同时也可以将 BIM 数据导出为 DXF 格式，作为放样参考底图，如图 4-2-4 所示。

待放样点拾取完成后，需要将控制点和待放样点导入到放样机器人中，导入数据时需要选择数据类型，对于控制点选择控制数据，相应的放样点选择参考数据，可将控制点和放样点数据导入放样机器人，如图 4-2-5 所示。

数据导入完成后，放样机器人就能够加载相应的数据模型，测量人员通过加载模型数据查看需要放样的数据，如图 4-2-6 所示。

3. 设站

设站是测量和放样的基础，设站的作用是确定建筑机器人的坐标和方向，根据建筑放样机器人的位置计算出放样点的方向与距离，引导放样。常用的设站方法包括已知后视点设站、设置方位角设站、后方交会法设站、轴线法设站。

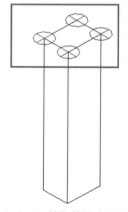

图 4-2-4　拾取放样点示意图

图 4-2-5　放样机器人导入数据示意图

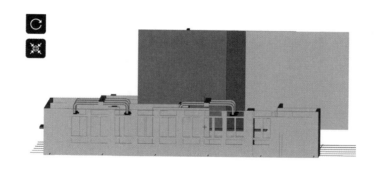

图 4-2-6　在放样机器人中查看 IFC 数据

（1）已知后视点设站

已知后视点设站是将建筑放样机器人以及棱镜分别放置在已知的两个控制点位置，将建筑放样机器人瞄准棱镜，建筑放样机器人根据测量得到的距离和角度计算出目标棱镜的坐标，同时会将已知的棱镜坐标与计算得到的坐标做对比，当坐标间的误差在允许误差的范围内，即可完成已知后视点设站。反之，若误差不在允许误差的范围内，需要对建筑放样机器人的坐标数据进行核对，分析误差产生的原因，及时做出调整，最后确保后视检查在误差允许的范围内，如图 4-2-7 所示。

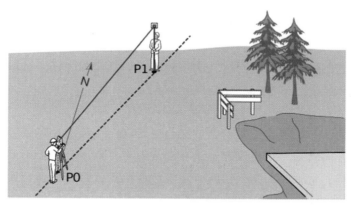

图 4-2-7　已知后视点设站

（2）设置方位角设站

设置方位角设站是由一个已知控制点坐标和建筑放样机器人到已知控制点的坐标方位角，根据测得的距离与角度，计算建筑放样机器人坐标，完成设站，如图 4-2-8 所示。

（3）后方交会法设站

后方交会法设站是较为常用的一种设站方法，要求控制点的数量大于等于 2 个，建筑放样机器人的位置自由选取，即可在任意位置设站，控制点间没有通视要求，当控制

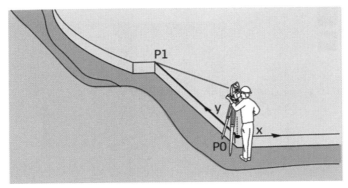

图 4-2-8　设置方位角设站

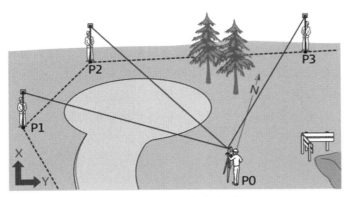

图 4-2-9　后方交会法设站

点之间的视线被遮挡时也适用。同时，由于控制点设站位置为任意选取，可以选择适当的位置设站，减少搬站的次数，如图 4-2-9 所示。

（4）轴线法设站

轴线法设站是已知后视点设站与后方交会法设站的一种应用场景。当轴线上有一个方向点，且轴线方向已知，则将仪器架设在轴线起点，即可完成设站。当轴线上有轴线起点和一个方向点，且轴线方向确定时，建筑放样机器人可在任意位置设站，其具体原理与后方交会法设站类似，如图 4-2-10 所示。

4. 放样

放样为建筑放样机器人作业的最后一步，就是将模型数据或放样数据在施工现场标记出来，将设计数据展现在实际工程中。根据放样的内容可分为点放样、线放样、模型放样和自动放样。

（1）点放样

点放样就是将点文件放样到建筑施工现场的过程，仪器设站完成后即可进行点放样，如图 4-2-11 所示。

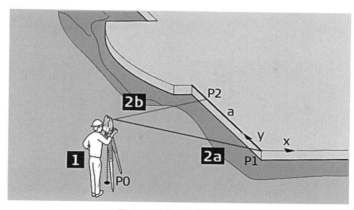

图4-2-10　轴线法设站

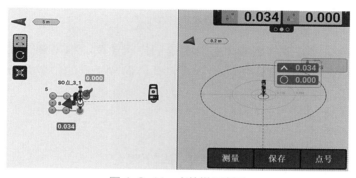

图4-2-11　点放样示意图

（2）线放样

线放样适用于放样线元素，在建筑放样机器人中选择放样线功能，就可以进行线放样，如图4-2-12所示。

（3）模型放样

建筑行业中的模型数据必不可少，在建筑放样机器人中可以选择模型放样，如图4-2-13所示。

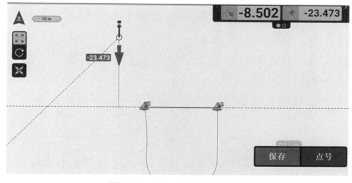

图4-2-12　线放样示意图

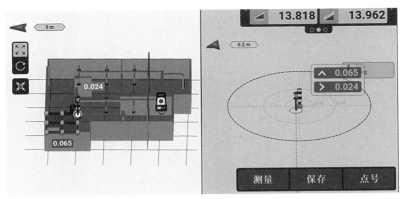

图 4-2-13　模型放样示意图

（4）自动放样

自动放样功能是建筑放样机器人结合自身的电机驱动，根据建筑放样机器人的坐标位置，结合放样点的坐标，建筑放样机器人自动转向放样点的位置并指示，作业人员根据放样机器人的指示完成点位的放样。

5.质量检查与验收

放样机器人的质量检查与验收过程主要有以下规定：

（1）各级检查、验收工作必须独立进行，一般不得省略或代替。

（2）测量人员对完成的测绘结果质量应负责到底，努力把各类缺陷消灭在作业过程中。

（3）项目负责人和检查人员应对测绘项目的规范操作和数据科学性负责，努力提高测绘结果和数据的可信度和说服力。

（4）过程检查中发现有不符合技术标准、技术设计或其他有关技术规定要求的产品时，应及时提出处理意见，作业人员进行改正；最终检查时若发现结果问题较多或性质较严重，应拒收并指出问题所在，当即退给作业小组，需查明原因，严肃查处，及时组织修改并重新进行检查。

（5）当检查人员与作业人员在质量问题的处理上有分歧时，属过程检查的，由技术组裁定；属最终检查的，由监理单位裁定。

（6）各级检查人员应认真做好检查记录，并将记录装订成册，随其他成果资料一起上交存档。

 任务实施

通过学习和查阅相关资料，简要说出放样机器人的工作流程和质量检查验收规定。

学习小结

建筑放样机器人的工作流程主要包括数据导入、设站、放样，其中放样过程又包括点放样、线放样、模型放样、自动放样。

任务 4.2.3 建筑放样应用案例

 任务引入

了解建筑放样机器人的组成、特点与工作流程后，结合案例，了解建筑放样机器人在实际项目中的应用。本任务主要介绍了放样机器人的应用案例。

 知识与技能

1. 建筑放样机器人在异形幕墙准确安装中的应用

项目背景：某项目是一个异形双曲面项目，在前期的测量放样中多采用一些传统设备，在幕墙安装阶段，由于幕墙的造型奇特且造价较高，为了确保幕墙生产出来之后能够一次性准确安装，所以选择建筑放样机器人对其前期放样的幕墙预埋件点位进行检测复核。

项目过程及结果：对于这种结构比较复杂的项目，采用传统的放样方式进行异形曲线放样难度高，放样精度低。同时结构的层高很高，使用传统全站仪放样仰角太高，难度大。传统方式需要现场携带图纸，不方便工作。建筑放样机器人成了很好的选择，首先利用插件拾取 CAD 图纸上的放样点，并将 CAD 图纸和放样点导入到建筑放样机器人中，无需现场携带图纸。其次，在建筑施工现场利用建筑放样机器人后方交会法设站，在最合适的位置进行设站。然后，采用自动放样功能，仪器自动指向顶板处的放样位置，并用红色激光进行指示，并标注在相应的位置。最后，将现场放样的点位导入到 CAD 图纸中，检核放样误差。结果显示，建筑放样机器人放样相比传统放样方式，效率提高了约 7 倍，如图 4-2-14 和图 4-2-15 所示。

2. 建筑放样机器人在 BIM 放样中的应用

项目背景：某智慧产业园的施工项目采用绿色建造。因此使用建筑放样机器人，采用 BIM 放样的方式，为绿色建造、装配式施工、智慧施工、数字化施工提供智能化、自动化的测量机器人解决方案，为建筑 BIM 助力。

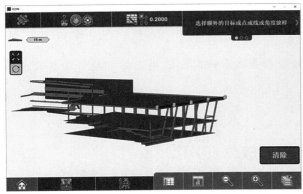

图 4-2-14　模型导入建筑放样机器人中　　　　　　　图 4-2-15　放样现场

项目过程及结果：项目设计数据格式为 Revit，对于 Revit 格式的 BIM 数据，首先要将 Revit 格式的数据转换成建筑放样机器人可识别的数据格式，通常将数据转换为 DXF 格式，将 BIM 数据导入建筑放样机器人后，就可以开始作业流程，面对大面积的工作区域，建筑放样机器人发挥其特色优势，快速准确地完成了施工放样工作。放样结束后，将放样数据与设计数据进行对比，所有点均满足放样要求，没有返工，大大提高园区建设速度，如图 4-2-16 所示。

图 4-2-16　放样数据与设计数据对比

 任务实施

通过查阅相关资料了解更多建筑放样机器人的案例，了解建筑放样机器人的工作过程和结果。

学习小结

建筑放样机器人的应用主要包括异形幕墙准确安装和BIM放样等，其在智能建造和产业转型升级方面起着重要作用。

知识拓展

码 4-2-1　基于BIM放样机器人的施工技术

习题与思考

一、填空题

1. 建筑放样机器人的系统组成包括_____、_____、_____、_____。

2. 建筑放样机器人可以接收测量目标所返回的信号并加以分析和计算，实现_____、_____、_____、_____等功能。

3. 后方交会法设站是较为常用的一种设站方法，要求控制点的数量大于等于_____个。

4. 常用的设站方法有_____、_____、_____、_____。

二、简答题

1. 简述建筑放样机器人工作流程。

2. 简述建筑放样机器人的定义。

3. 简述自动照准的工作原理。

4. 标石埋设应符合哪些规定？

三、讨论题

请简述建筑放样机器人的质量检查与验收的主要规定。

码 4-2-2　项目4.2习题与思考参考答案

项目 4.3　其他智能测量机器人及装备

教学目标 📖

一、知识目标

1. 了解三维激光扫描无人机的功能特点；

2. 了解三维激光扫描无人机的工作注意事项和工作流程；

3. 了解三维激光扫描无人机的适用场景及输出成果。

二、能力目标

1. 能够了解三维激光扫描无人机作业前准备工作和数据采集作业流程；

2. 能够分析三维激光扫描无人机的输出成果。

三、素养目标

1. 能够主动学习和探索三维激光扫描无人机的工作原理和工作过程；

2. 能够具备智能测量技术中的创新思维，对其他建筑过程的技术和方法提出创新想法。

学习任务

了解三维激光扫描无人机的用途，以及在项目全周期中各环节的作用。

建议学时

1 学时

思维导图

任务 4.3.1　三维激光扫描无人机

任务引入

三维激光扫描无人机，可以按设定好的飞行计划，全自动地从空中获取建筑物或周边环境的三维实景数据，轻便小巧；带有自动规划飞行路径和自动避障功能，结合后处理软件，可应用于建筑项目规划设计、施工管理、运营维护全生命周期的不同阶段，如图 4-3-1 所示。

图 4-3-1　三维激光扫描无人机采集工地数据

知识与技能

1. 三维激光扫描无人机工作注意事项与工作流程

（1）作业前准备工作

1）作业合规性：作业前需在当地无人机飞行相关管理单位进行备案。

2）环境安全：勘察作业区域及周边环境，避开高压线、变电站等危险区域。

3）作业安全：作业前确认当地天气是否满足作业要求。

4）设备安全：作业前检查设备、操作系统是否正常，电池剩余电量满足作业要求。

（2）数据采集作业流程

1）外业：通过遥控器或移动端设备，根据说明书要求控制设备完成外业数据采集工作。

2）内业：通过 Wi-Fi/ 数据线 /U 盘将设备数据传输到电脑，使用预处理软件和后处理软件完成数据处理以及成果制作，如图 4-3-2 所示。

外业采集   内业处理

图 4-3-2 三维激光扫描无人机工作流程

2. 三维激光扫描无人机适用场景及输出成果

三维激光扫描无人机适合在空间较为开放的户外进行数据采集作业，常用于建筑顶部、外立面、地形地貌、建筑工地等区域数据采集，如图 4-3-3~ 图 4-3-6 所示。

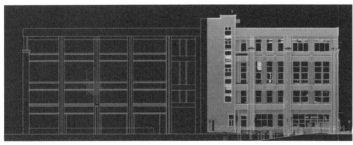

图 4-3-3 基于点云在 CAD 软件中绘制建筑立面

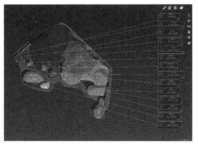

图 4-3-4 自动生成等高线地形图

图 4-3-5 土方量计算

图 4-3-6 自动生成网格建筑模型

任务实施

通过查阅相关资料，简述三维激光扫描无人机在建筑领域中的用途。

 学习小结

三维激光扫描无人机的准备工作包括作业合规性、环境安全、作业安全和设备安全等。数据采集作业流程包括外业作业和内业作业。

知识拓展

码 4-3-1 智能三维激光扫描机器人

习题与思考

一、填空题

1. 作业前需在当地无人机飞行相关管理单位进行_____。

2. 勘察作业区域及周边环境，避开_____、_____等危险区域。

3. 作业前检查设备、操作系统是否正常，_____满足作业要求。

二、简答题

1. 简述三维激光扫描无人机的工作注意事项。

2. 简述三维激光扫描无人机适用场景及输出成果。

三、讨论题

请说明三维激光扫描无人机的工作流程和注意事项。

码 4-3-2 项目 4.3 习题与思考参考答案

辅助机器人及智能装备的应用

巡检机器人的应用

巡检机器人概述
巡检机器人的工作准备
巡检机器人的工作过程控制
巡检机器人的维护和保养

搬运机器人的应用

搬运机器人概述
搬运机器人的工作准备
搬运机器人的人机协作
搬运机器人作业安全保障
搬运机器人维护和保养

项目 5.1　巡检机器人的应用

教学目标 📖

一、知识目标

1. 了解巡检机器人的定义和分类；

2. 了解巡检机器人的基本组成。

二、能力目标

1. 能够说明巡检机器人的工作准备和工作过程控制；

2. 能够论述巡检机器人的维护和保养。

三、素养目标

1. 能够接受巡检机器人代替传统人工巡检和监督的大趋势；

2. 能够具备创新思维，提出巡检机器人的新设计或新想法。

学习任务

了解巡检机器人的分类，掌握巡检机器人的工作过程控制和维护保养。

建议学时

2 学时

思维导图

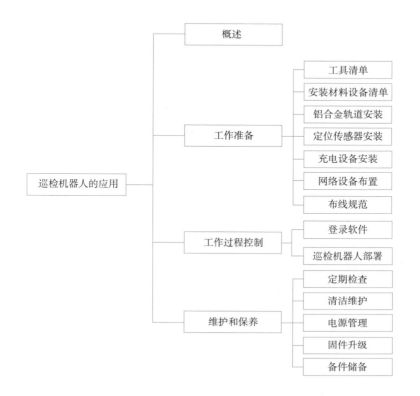

任务 5.1.1　巡检机器人概述

 任务引入

　　巡检机器人是一种能够自主完成巡检任务的机器人，它通常配备了多种传感器和摄像头，并能够通过人工智能和机器学习技术进行智能化识别、分析和处理。

 知识与技能

1. 巡检机器人的分类

巡检机器人可以按照其功能、应用场景、结构等方面进行分类。
按照其功能可分为安全巡检、环境巡检、建筑巡检等机器人。
按照其应用场景可分为室内巡检、室外巡检、水下巡检等机器人。

按照其结构可分为轮式巡检机器人、腿式巡检机器人、多足巡检机器人、飞行巡检机器人等。

按照其技术可分为视觉巡检机器人、声学巡检机器人、激光巡检机器人、红外巡检机器人等。

按照其控制方式可分为遥控巡检机器人、自主导航巡检机器人等。

2. 巡检机器人的基本组成

建筑行业中的巡检机器人通常由以下几部分组成：

（1）底盘和动力系统：巡检机器人底盘通常采用机器人底盘、轮式底盘或履带底盘，通过电动机实现移动和姿态调整。

（2）传感器和影像系统：巡检机器人配备多种传感器和影像系统，例如激光雷达、视觉摄像头、红外热成像设备等，实现对环境的三维感知和数据采集。

（3）控制系统：巡检机器人的控制系统通常由嵌入式微处理器、电子控制系统、导航系统等组成，在设备控制、环境感知、路径规划和故障诊断等方面发挥重要作用。

（4）数据传输和存储系统：巡检机器人通常配备有 Wi-Fi、4G、5G 等数据传输模块，将采集得到的数据传给中央控制端，并将数据储存到本地存储器中。

（5）电源系统：巡检机器人使用电池供电，在机器人行动中保持充电状态，同时能够适应不同的电压和功率要求，保证设备长时间运行。

巡检机器人的组成可以根据应用场景的要求进行调整和配置。例如，在室内环境检测时，可能还需要增加空气质量传感器；在进行建筑外墙巡查时，可能还需要增加风速传感器等相关设备，如图 5-1-1 所示。

图 5-1-1 巡检机器人

 任务实施

谈一谈你对巡检机器人的了解，以及未来可能的应用场景。

学习小结

巡检机器人可以按照功能、应用场景、结构、技术等方式进行分类。巡检机器人基本组成包括底盘和动力系统、传感器和影像系统、控制系统、数据传输和存储系统、电源系统等。

任务 5.1.2　巡检机器人的工作准备

 任务引入

在巡检机器人开始施工前，需要准备好必要的工具和设备。施工过程中，需要按照安装流程进行操作，确保安装质量。

 知识与技能

1. 工具清单

扳手、螺丝刀、钳子、电钻、测量工具、接线工具。

2. 安装材料设备清单

巡检机器人、充电设备、铝合金轨道、定位传感器、电缆。

3. 铝合金轨道安装

铝合金轨道是巡检机器人的轨道基础，需要按照以下安装流程进行操作：
（1）在需要安装轨道的位置测量并标记好位置。
（2）使用电钻钻孔并安装轨道支架。
（3）将铝合金轨道安装在支架上并固定。

4. 定位传感器安装

定位传感器是巡检机器人的定位系统，需要按照以下步骤进行安装：
（1）在机器人上安装定位传感器。
（2）在轨道上安装定位标记。
（3）通过定位传感器和定位标记进行机器人的定位。

5. 充电设备安装

巡检机器人需要定期充电，因此需要在指定位置安装充电控制箱。其安装步骤如下：

（1）在指定位置安装充电控制箱。

（2）连接电缆并与机器人连接。

（3）确保充电设备正常工作。

6. 网络设备布置

（1）通信控制箱安装

通信控制箱的安装是巡检机器人现场施工的重要环节。在安装过程中，需要考虑通信控制箱的位置、固定方式和电缆的布置等因素，以确保通信控制箱的正常运行。

（2）光纤布置

光纤的布置也是巡检机器人现场施工中不可忽视的一部分。在布置过程中，需要注意光纤的长度、弯曲度和固定方式等因素，以确保光纤的传输质量。

7. 布线规范

在巡检机器人现场施工中，布线规范是非常重要的。需要考虑电缆的种类、规格和安装方式等因素，以确保电缆的安全可靠。

 任务实施

通过参观和查阅资料，用自己的语言对巡检机器人的工作准备进行简要描述。

 学习小结

巡检机器人的工作准备主要包括工具清单、安装材料设备清单、铝合金轨道安装、定位传感器安装、充电设备安装等。

任务 5.1.3　巡检机器人的工作过程控制

 任务引入

巡检机器人的工作过程控制主要通过机器人 App 来实现，对机器人 App 的了解和使用是巡检机器人的工作过程中必不可少的一步。

知识与技能

本书以某款国产巡检机器人为例，对其工作过程控制进行介绍。

1. 登录软件

进入安全巡检机器人登录页面，如图 5-1-2 所示。

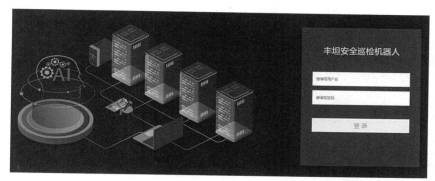

图 5-1-2　登录界面

2. 巡检机器人部署

（1）网络设置

设置服务 Wi-Fi 为中继模式，连接到机器 Wi-Fi。

（2）机器人建图

1）2D 建图

在机器人第一次入场时需要执行此操作，后续如不变动工作场景则无需再次扫描建图。

使用 VNC（局域网登录软件）远程登录机器人工控制桌面，点击桌面"建图"图标开启建图模式（图 5-1-3）。打开"建图"后，弹出"建图"界面，如图 5-1-4 所示。

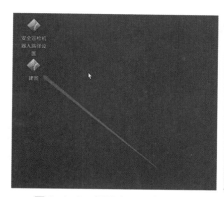

图 5-1-3　机器人 2D 建图图标

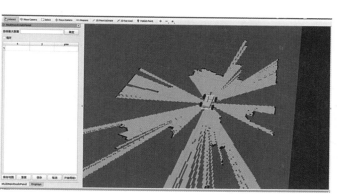

图 5-1-4　机器人 2D 建图界面

进入此界面后，使用遥控器遥控巡检机器人在所需要建图的场景内移动，巡检机器人会在移动过程中扫描周围的场景信息并自动创建当前场景地图。建图完成后，点击右下角"保存地图"按钮保存当前场景地图后，重启巡检机器人。

2）导航点标注

在机器人第一次入场时需要执行此操作，后续如不变动工作场景或不变动机器人巡检路径则无需再次标注导航点。点击桌面图标"安全巡检机器人路径设置"开启标注导航点，如图 5-1-5 所示。

点击后弹出路径设置界面，如图 5-1-6 所示。

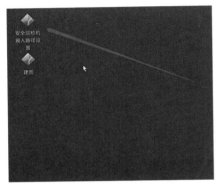

图 5-1-5　安全巡检机器人路径
设置图标

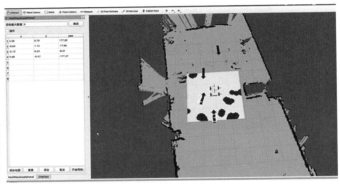

图 5-1-6　路径设置界面

根据地图估算所需导航点数量，并在左上方填入导航目标点数量最大值。然后点击"2D Nav Goal"设置机器人巡检过程中的导航点。

导航点设置是由 1 开始到导航点最大数量结束。设置导航点时，鼠标点击地图后拖动鼠标即可选择巡检机器人在到达此导航点时的车头朝向。所有导航点设置完成后，即可点击"开始导航"使巡检机器人按照预定的导航点进行移动。

另外还有添加 / 编辑摄像头与算法、开始和停止巡检界面、定时巡检设置和报警器设置等内容，可按照机器软件提示进行操作。

 任务实施

请通过查阅文献，举例说明巡检机器人的工作流程。

 学习小结

巡检机器人的工作流程包括登录机器人配套软件、网络设置、2D 建图、导航点标注、添加 / 编辑摄像头与算法等。

任务 5.1.4　巡检机器人的维护和保养

任务引入

巡检机器人的工作过程虽然不涉及大负载、高应力等恶劣使用条件，但是也需要对其使用和保存过程进行维护和保养，才能保证其工作效率和使用寿命。

知识与技能

巡检机器人的维护和保养具体方案如下。

1. 定期检查

对机器人的移动平台、安防设备、遥控设备等进行定期检查，发现问题及时进行维修和调整。

2. 清洁维护

机器人需要保持清洁干净，避免灰尘和杂物的影响，可以使用专门的清洁工具进行维护。

3. 电源管理

机器人需要定期充电，同时注意电源的管理，避免因为电量不足而影响其正常运行。

4. 固件升级

机器人的人工智能系统和相关软件需要定期进行固件升级，以确保其功能不断完善和优化。

5. 备件储备

在维护过程中，需要准备备用零部件，以便在机器人出现故障时进行更换和修复。

任务实施

通过查阅资料，说明巡检机器人的维护和保养事项。

学习小结

巡检机器人的维护和保养内容主要包括定期检查、清洁维护、电源管理、固件升级、备件储备等，做好维护和保养才能保证巡检机器人的工作效率和使用寿命。

知识拓展

码 5-1-1　巡检机器人的发展概况

习题与思考

一、填空题

1. 巡检机器人主要通过 _____ 来控制。

2. 机器人的人工智能系统和相关软件需要定期进行 _____，以确保其功能不断完善和优化。

3. 根据机器人应用的环境可分为室内巡检、室外巡检、_____等机器人。

二、简答题

1. 简要说明巡检机器人的工作准备。

2. 简要说明巡检机器人的工作步骤。

三、讨论题

分组讨论：巡检机器人除了建筑领域，还可以用在工业和民用的哪些领域？

码 5-1-2　项目 5.1 习题与思考参考答案

项目 5.2 搬运机器人的应用

 教学目标

一、知识目标

1. 了解搬运机器人的概念和分类；

2. 了解搬运机器人的基本组成。

二、能力目标

1. 能够说明搬运机器人的工作准备和人机协作；

2. 能够叙述搬运机器人的作业安全保障、维护和保养。

三、素养目标

1. 能够认识到搬运机器人代替人工作业的建造趋势；

2. 能够对搬运机器人进行简单操作。

 学习任务

掌握搬运机器人的分类和基本组成、人机协作、作业安全保障和维护保养。

 建议学时

4 学时

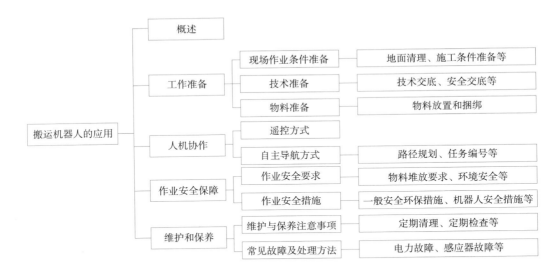

任务 5.2.1　搬运机器人概述

 任务引入

建筑行业中搬运机器人是一类能够自主完成搬运任务的机器人，广泛应用于各种建筑材料、构件的搬运和装卸。

 知识与技能

1. 搬运机器人的分类

建筑搬运机器人按照运动的类型，可分为以下类型。

（1）臂式搬运机器人

臂式搬运机器人是一种常见的建筑搬运机器人，它通常具有一个或多个机械臂，可以在水平方向上进行物料的搬运和装卸。根据机械臂的数量和结构形式，臂式搬运机器人可以分为单臂式、双臂式、多臂式等不同类型。

（2）悬吊式搬运机器人

悬吊式搬运机器人是一种通过悬挂在建筑物外部的方式，实现对高层建筑外墙表面材料的搬运和装卸的机器人。

（3）爬行式搬运机器人

爬行式搬运机器人是一种能够在垂直、倾斜或两者兼备的表面进行爬行和移动的机器人。与普通的搬运机器人不同，它可以在墙壁、楼梯、管道、混凝土构件、钢结构，甚至人造或自然复杂环境中自主行动，实现对特殊建筑场景和条件下的物品搬运、安装和调整。

（4）叉车式搬运机器人

叉车式搬运机器人是一种能够自主完成装载、卸载、运输和操作材料的机器人。叉车式搬运机器人的外观和叉车很像，但它比传统叉车更加智能，可以自动导航、定位和计算最优路线，同时还配备多种传感器、视觉系统和操作控制系统，使其能够完成各种复杂搬运任务。

2. 搬运机器人的基本组成

建筑搬运机器人是一种能够自主完成搬运任务的机器人（图 5-2-1），它通常由以下几个部分组成：

（1）底盘和动力系统：搬运机器人底盘通常采用轮式底盘或履带底盘，通过电动机实现移动。在搬运和抓取过程中需要具备一定的力量和推进能力。

（2）传感器和影像系统：搬运机器人配备多种传感器和影像系统，例如激光雷达、

图 5-2-1　搬运机器人施工

视觉摄像头、红外热成像设备等，以便于机器人进行周围环境感知和数据采集。

（3）操作控制系统：搬运机器人的控制系统通常由嵌入式微处理器、电子控制系统、导航系统等组成，在设备控制和远程控制、传感器数据处理、路径规划、故障排除和应急切断等方面发挥重要作用。

（4）抓取/夹持系统：搬运机器人通常采用机器人手臂、机械手或人工手柄等多种抓取/夹持机构，以适用于不同形状、大小和重量的物品。

（5）数据传输和储存系统：搬运机器人通常配备有 Wi-Fi、4G、5G 等数据传输模块，将采集得到的数据传输至中控端，并将数据储存本地存储器中。

（6）电源系统：搬运机器人使用电池或燃料电池供电，在机器人行动中保持充电状态，同时能够适应不同的电压和功率要求，保证设备长时间稳定运行。

 任务实施

请说明搬运机器人的分类和基本组成。

学习小结

搬运机器人按照运动类型，分为臂式搬运机器人、悬吊式搬运机器人、爬行式搬运机器人等，其组成主要包括底盘和动力系统、传感器和影像系统、操作控制系统等。

任务 5.2.2　搬运机器人的工作准备

 任务引入

搬运机器人的主要工作为搬运重物，工作区域覆盖面积大，如果地面不平整或者有大量杂物堆放，则会影响其工作效率，甚至会使其倾倒，因此，作业前的准备工作尤为重要。

 知识与技能

1. 现场作业条件准备

搬运机器人进场前，施工现场需要进行以下准备工作。

（1）地面清理

机器人行走的作业区域路面需要进行清理，清扫掉建筑垃圾，移除影响机器人行进的障碍物，在结构伸缩缝等处铺好钢板等，以便机器人安全稳定的自主往返于起始地和目的地。

（2）施工条件准备

根据搬运机器人的运动特点和工作环境要求，结合现场的实际情况，部署现场运输作业区域和路线；在工作区域周边做好安全标识以及必要的消防准备工作，确认好作业区域和路径后，即可安排机器人进场。

勘查机器人的行走路线及周边环境，清理线路上的障碍物和凸起等。

2. 技术准备

充分了解搬运机器人行走的路线和工作区域，熟悉现场实际情况，作业前对操控人员进行书面的技术交底和安全交底。

梳理现场路径地图，将路径地图导入到机器人云管服务系统中，以便搬运机器人和智能升降机自主联动工作。

3. 物料准备

需要搬运的物料必须集中置于事先规划好的区域内，并且对物料做好捆绑和固定，防止在搬运过程中因振动或碰撞导致物料跌落从而引发安全事故。

 任务实施

简述搬运机器人的工作准备的内容。

 学习小结

搬运机器人的工作准备包括地面清理、施工条件准备、技术准备、物料准备等。

任务 5.2.3　搬运机器人的人机协作

 任务引入

在使用搬运机器人进行人机协作时，需要考虑到不同的应用场景和需求，并根据实际情况进行调整和优化。

 知识与技能

搬运机器人的人机协作可以分为遥控方式和自主导航方式两种模式。

1. 遥控方式

（1）确认周边环境无异常之后，打开搬运机器人电源开关，启动机器人。

（2）搬运机器人系统启动完成之后，会自动完成系统各个部件模块的自检，例如：电量是否充足、各部件传感器是否正常工作、机械装置是否正常工作等。

（3）启动遥控装置，并和机器人进行无线连接。

（4）遥控装置与机器人连接成功后，作业人员通过遥控装置对机器人的行进速度和运动轨迹 / 方向进行操控，驱动机器人行驶到物料装载区。

（5）机器人抵达物料装载区之后，作业人员通过遥控装置控制机器人对物料进行装载，装载完成之后，再操作机器人去往规定的卸货区。

（6）抵达卸货区之后，操控机器人将物料卸载到相应的位置。

（7）重复执行第（4）~（6）步，直到搬运任务完成。

（8）完成任务后确保搬运机器人安全、快速地撤离现场，并对其进行清洁处理，以保证下次任务顺利进行。

2. 自主导航方式

（1）使用车辆管理软件切换车辆模式，如图5-2-2所示，用户可以切换手动、本地、自动以及本地（TM）模式，用户点击模式按钮即会弹出模式选项，需要在静止状态下进行模式切换。

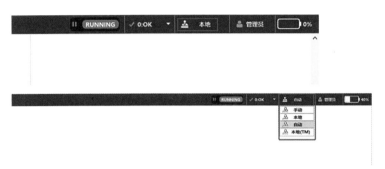

图 5-2-2　切换车辆模式界面

（2）通过车辆管理软件模拟遥控手柄的操作（图5-2-3），达到远程操控和现场遥控操作一致的效果，以便于远程对机器人进行控制和纠偏。

手柄需要打到 X 模式，并且 Mode 灯要灭掉才能操作

RB+LS 前 = 前进　　　　　RB+LS 后 = 后退

RB+RS 前 = 回零　　　　　RB+RS 后 = 回零

RB+BACK= 横移　　　　　RB+START= 横移

RB+Y= 上升　　　　　　　RB+A= 下降

RB+LB= 旋转

图 5-2-3　模拟遥控手柄操作

（3）根据搬运机器人的工作要求和运动轨迹，使用机器人提供的路径规划软件来设置路径（图5-2-4），包括控制速度和轨迹的算法、防碰撞算法、智能路径规划等。

（4）通过搬运机器人提供的车辆管理软件来设置任务编号、目标点编号和移动速度等参数信息（图5-2-5），这些信息将作为后续控制的基础。

（5）通过车辆管理软件创建设定好的任务下发给机器人（图5-2-6），确保搬运机器人能够按照设定的策略和路径作业，同时避免与人发生碰撞。

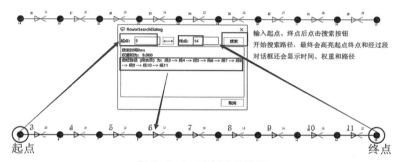

图 5-2-4　路径设置界面

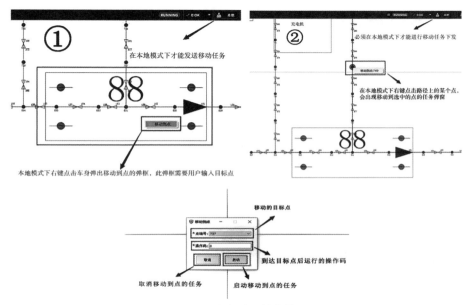

图 5-2-5　任务编号等参数设置

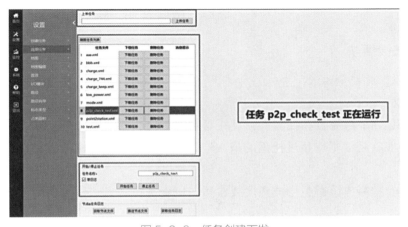

图 5-2-6　任务创建下发

（6）进入机器人车辆管理软件的首页，当前车辆编号、车辆状态、实时位置、实时速度等信息会实时显示，软件后台会对这些信息和数据进行分析，通过分析结果及时对机器人的姿态、位置、任务做调整，以便更好地适应环境变化。

（7）完成任务后确保搬运机器人安全、快速地撤离现场，并对其进行清洁处理，以保证下次任务的顺利进行。

 任务实施

简要说明搬运机器人的遥控步骤。

 学习小结

搬运机器人的人机协作主要为遥控方式和自主导航方式，自主导航方式包括切换车辆模式、模拟遥控手柄的操作、设置作业路径、设置任务编号等内容。

任务 5.2.4　搬运机器人作业安全保障

 任务引入

搬运机器人在工作过程中的受力一般较大，并涉及加速、转弯、后退等多种运动，如果不保障好其作业安全，则可能发生倾倒、翻车、损坏、撞人等状况，因此，需要对其作业安全做好预防和警惕，确保安全施工和运行。

 知识与技能

1. 作业安全要求

（1）一般作业安全要求

物料堆放要求：

1）物料必须平稳放置在托盘上，且托盘必须平稳放置在地面上。

2）物料堆放高度不得超过托盘的最大堆码层数，同时保证机器人工作过程中物料不会掉落。

3）堆放的物料应该避免形成角度或锐边，以免在机器人工作过程中损坏物料或划伤机器人。

4）对于高温或易腐蚀的物料，必须采取防护措施，如盖布等。

5）对于易碎或易变形的物料，必须轻拿轻放，并采取适当的加固措施。

6）物料堆放要防止高空坠落，要定期检查归类。

作业前查看作业环境是否安全：

1）在机器人作业前，对作业场地和区域进行查看，临边围护、施工安全警戒线是否设置到位。

2）现场是否存在明显障碍物或垃圾等。

3）现场消防安全器具是否配备整齐，施工现场应有严禁烟火安全标语，现场应设专职安全员，保证施工现场无明火。

4）施工用电防雷接地等措施是否安全可靠。

作业人员安全要求：

1）操作机器人的作业人员，在作业前需认真阅读机器人操作手册，了解机器人安全操作相关步骤，熟悉机器人安全急停按钮，能够在突发情况下停止机器人作业。

2）在机器人作业过程中，作业人员应和机器人保持 2.5m 以上安全距离，禁止站立在机器人四周，以防机器人侧翻砸伤。

3）作业人员现场作业应注意用电安全，使用机械设备时防止漏电、触电等。

4）机器人暂停作业时，需驶离作业区域，停至安全区域，在机器人四周放置安全锥，并且确认机器人已按下暂停键。

（2）机器人作业安全要求

1）在搬运机器人作业过程中，需要确保其安全距离，防止发生碰撞。

2）在启动搬运机器人前，需要检查其电池电量、电机温度、是否有异物等，确保设备正常运行。

3）在搬运重物时，需要注意设备负载状态，不要超出设备承受能力。

4）在搬运过程中，需要监控搬运机器人的工作状态，避免其速度过快或不稳定。

5）在急转弯或斜坡路段时，需要特别注意设备安全。

6）在恶劣天气条件下，如暴雨、大雪、大风等，需要减速慢行，避免发生意外。

7）当搬运重物超过设备承载能力时，需要与操作人员协商，避免发生安全事故。

8）在自主导航模式下运行时，需要确保与其联动的升降机或电梯正常工作，通信交互正常进行。

2. 作业安全措施

（1）一般安全环保措施

1）在设备周围设置禁止长时间停留标识，防止设备意外倾倒造成人员伤害。

2）在设备停放或充电时，选择合适的停放位置和充电方式，避免产生噪声和电磁干扰。

3）在设备运行时，定期检查设备的噪声、振动情况，及时采取措施进行维修保养。

163

（2）机器人安全措施

1）配备完善的安全传感器和保护装置，如障碍物检测传感器、超速检测传感器、视觉避障系统等，以确保设备在运行过程中的安全。

2）配备远程多方位激光避障系统和近距离贴身保护系统，以避免机器人与其他物体或人员发生碰撞。

3）在作业过程中，需要佩戴个人防护装备，如防护眼镜、手套、安全帽等。

4）在设备维修或更换部件时，需要确保设备断电或断路，并有专人监护。

 任务实施

简要说明搬运机器人的作业安全要求。

 学习小结

搬运机器人的作业安全要求包括物料堆放要求、作业环境安全、作业人员安全要求等。安全措施包括一般安全环保措施、机器人安全措施等。

任务 5.2.5　搬运机器人维护和保养

 任务引入

搬运机器人的工作环境灰尘浓度高，容易堆积在机器人的表面和缝隙中，传动机构使用一段时间后容易产生摩擦力加大的问题，导致机器人运行效率低、结构件磨损等现象。

 知识与技能

1. 维护与保养注意事项

（1）对搬运机器人车体灰尘和杂物进行定期清理，保持其干净卫生。

（2）注意对机器人的操控面板定期检查，保持操作面板清洁干燥，无灰尘、油污等，保证面板上的按钮都能正常使用。

（3）定期检查天线通信，保持通信正常。

2. 常见故障及处理方法

搬运机器人常见故障及处理方法见表 5-2-1。

搬运机器人常见故障及处理方法   表 5-2-1

序号	常见故障	处理方法
1	电力故障，作业过程中突然停止运动并且重启后仍然无法运行	（1）检查电源线路是否正常连接； （2）查看电池是否需要充电，及时更换充电器； （3）更换电池组，以保证机器人正常工作
2	感应器故障，未按照预定路径行进，目标站点偏移，有碰撞周围物体风险	（1）检查感应器是否正常工作，如有问题及时更换； （2）清理感应器周围的物体，保持感应器敏感度； （3）更换其他类型的感应器，以响应不同的导航环境
3	机械故障，无法叉起物料，无法转向等	（1）排除机械故障，如更换损坏部件； （2）进行常规保养，及时更换磨损部件，保持机器人的正常状态； （3）增加安全保护措施，以减少机械故障发生
4	软件故障，导航模式下机器人未按照规定要求执行任务，或切换到手动遥控模式下，无法对机器人进行操控	（1）重启机器人，以解决软件崩溃问题； （2）更换操作系统版本，以解决软件兼容性问题； （3）加强软件安全性，确保系统稳定性

 任务实施

简要说明搬运机器人的维护和保养事项。

 学习小结

搬运机器人的维护和保养包括定期清理灰尘和杂物、定期检查操控面板和天线通信。

知识拓展

码 5-2-1　搬运机器人的地图构建技术

165

习题与思考

一、填空题

1. 搬运机器人按照运动类型，分为 ＿＿＿＿＿＿＿、＿＿＿＿＿＿＿、＿＿＿＿＿＿＿、＿＿＿＿＿＿＿四种。

2. 搬运机器人的底盘通过 ＿＿＿＿＿实现移动。

3. 搬运机器人的自主导航方式里，通过 ＿＿＿＿＿＿模拟遥控手柄的操作。

二、简答题

1. 简述搬运机器人的作业安全要求。

2. 简述搬运机器人的维护和保养方案。

三、讨论题

搬运机器人的路径规划对于施工效率有哪些影响？

码 5-2-2　项目 5.2 习题与思考参考答案

建筑机器人及智能装备的应用展望和思考

项目 6.1　建筑机器人及智能装备的应用展望和限制

教学目标 📖

一、知识目标

1. 了解建筑机器人及智能装备的应用展望；
2. 了解建筑机器人及智能装备在发展过程中的限制因素。

二、能力目标

1. 能够说明建筑机器人及智能装备发展中的行业与政策背景及应用前景分析；
2. 能够说明建筑机器人及智能装备发展过程的技术模式限制和问题。

三、素养目标

1. 能够适应建筑机器人及智能装备的新技术发展；
2. 能够主动了解智能建造的发展趋势和研究现状。

学习任务 📋

理解建筑机器人及智能装备的应用前景和发展潜力，以及发展过程中的主要限制问题，并思考突破路径。

建议学时 ✛

1 学时

思维导图

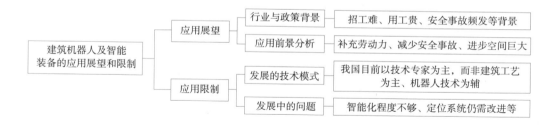

任务 6.1.1　建筑机器人及智能装备的应用展望

任务引入

对于建筑行业，提高人效、降低成本、实现行业可持续发展，成为打开行业局面的关键突破口。在数字化、智能化浪潮中，借助数字技术与智能手段对行业进行赋能、创新、升级，将技术创新作为核心竞争力，将成为建筑业可持续发展的关键核心和必然选择。作为数智化核心工具的机器人，对于建筑行业，将成为解决核心问题的关键所在。

知识与技能

1. 行业与政策背景

（1）"招工难、用工贵"。在当前人口红利逐渐减弱、建筑行业就业意愿降低、用人成本不断上升的背景下，建筑建造行业招人越来越难、用工成本越来越高。据统计，2021 年，全国建筑业从业人数为 5164 万人，与 2014 年的从业人数 6109 万相比，7 年时间减少了 1000 万左右。由于人口结构对建筑行业的影响和建筑工地工作环境对年轻劳动力的不友好，3~5 年后，建筑业劳动力将出现较大的缺口，建筑发展形势不容乐观。

（2）安全事故频发，安全管理压力巨大（图 6-1-1）。由于建筑行业的工作环境恶劣，多年来建筑工人在施工现场的安全问题一直得不到明显遏制，建筑安全事故频发。近年来，建筑安全事故数量和伤亡人数逐年攀升。

图 6-1-1　建筑安全事故频发

（3）建筑业利润率较低，人员管理难。由于建筑业存在固定的材料成本、运输成本、安装成本等各项支出，导致建筑业一直以来的平均利润率比较低。根据统计，大部分建筑施工企业的年综合利润率仅为1%~2%。另外，由于建筑业属于劳动密集型产业，依赖大量的传统劳动力，技术红利未充分释放，导致生产率低。

（4）建筑机器人政策相继出台，机器替换人工乃大势所趋。人工建筑建造技术的落后导致建筑业的低利润率、施工安全风险以及劳动力短缺。这三个问题严重制约了我国建筑业的发展，因此，国家近些年相继推出了一系列相关政策，鼓励大力发展智能建造和研发建筑机器人，推动传统建筑产业转型升级。

2. 建筑机器人及智能装备技术应用前景分析

（1）补充巨大的劳动力空缺

目前，施工人口结构已呈现出老龄化现象。这表明，年轻人对于从事建筑行业的工作意愿逐渐降低，这可能是因为相对于其他行业，建筑专业工作的回报相对较低，且工作条件、环境比较艰苦。因此，年轻人更倾向于选择其他回报率更高、工作环境更好的工作。

（2）有效减少安全生产事故

将机器人代替人工进行建筑作业，可以避免人员进入现场施工，进而规避安全生产事故对人身造成的伤亡，从而减轻建筑企业安全生产管理的压力。

（3）机器人技术进步空间巨大

与国外相比，目前国内的建筑机器人及智能装备技术研发及应用还处于起步阶段。但国内的建筑机器人技术具有巨大的进步空间。尤其是近些年国内的机器人创新技术快速发展，科技创新体系不断完善，科技人员储备逐渐雄厚，国内建筑市场巨大且需求旺盛，这些都说明，在不久的将来，建筑机器人技术将很可能呈现爆发式增长。

 任务实施

简要分析建筑机器人及智能装备的应用展望。

 学习小结

建筑机器人及智能装备的发展可以补充劳动力空缺、有效减少安全事故、提高机器人技术等，行业政策和背景也推动其高速发展和应用。

任务 6.1.2 建筑机器人及智能装备的限制

 任务引入

了解建筑机器人及智能装备发展过程中的限制因素，有利于解决现有问题，推动传统建筑产业转型升级。

 知识与技能

1. 建筑机器人及智能装备发展的技术模式

建筑机器人技术的发展模式应当以建筑施工工艺为主导，以机器人技术为辅助实现手段。而我国目前的建筑机器人发展大多是以专研机器人技术的专家为主导，并仅仅以实现建筑相关功能为试验目标。这种模式往往由于机器人专家的实际建筑施工经验不足，对建筑施工现场的施工恶劣环境考虑不充分，对建筑工艺的了解还不够深入等因素导致研发出来的机器人仅仅在实验室有着较好的表现，而在施工现场的表现却难以让人满意，导致了最终研发出来的建筑机器人就只能作为一件技术展示作品陈列在实验室，建筑机器人产业化和商业化的进程也就此停滞。

到目前为止，我国建筑机器人的产业发展并不是很成熟，甚至关于建筑机器人的研究和制造机构都很少。为数不多的机器人研究成果大多停留在实验室阶段，难以进行产业化发展。

2. 发展中的主要问题

虽然建筑机器人及智能装备的应用前景非常广阔，但是如果希望将其大量地投入研发和应用，还存在着一系列问题需要解决。

从应用场景上来看，与工业机器人相比，建筑机器人是移动的，而建筑物是固定的，并且建筑工地并非可控的场景，现场施工环境非常复杂。机器人需要复杂的导航能力，包括在脚手架上和深沟中的移动施工作业、避障、意外事件控制算法、机器人的视觉系统、新型控制系统和处理单元等。可以说，施工环境的复杂多变对建筑机器人的技术研发提出了更高的挑战。

从人才来看，一般来说，行业的发展和进步除了依靠核心技术研发与突破外，还要依赖于研发人才的支持。当前建筑市场需求不断扩大，而国内高校开设智能建造相关专业起步较晚，建筑机器人研发领域的人才资源相对匮乏，人才储备不足与人才流失问题越显紧迫，智能建造专业人才缺口已经成为阻碍建筑机器人产业发展的主要原因之一。

具体来说，建筑机器人及智能装备的发展和应用限制主要体现在以下几点。

（1）智能化程度不够

建筑项目的施工场地较为复杂，存在多工种同时作业的情况，目前大部分建筑机器人在施工作业前，都会提前做好路径规划。然而当场地发生变更时，它就无法根据实际情况来进行调整更新。这说明目前建筑机器人的智能化程度仍然不够高，无法通过自身的计算系统来规划好行动路线，而且无法在场景突然改变的情况下重新设置工作路线。此外，虽然目前建筑机器人传感器的感受元件发展已经逐渐成熟，但是由于智能化程度不够高，当面临复杂作业条件时，机器人的处理器在处理传感器传递过来的电信号时很容易出现错误，进而机器人实际接收到的反馈信号就会发生错误，而导致机器人可靠性较差。

（2）定位系统仍需改进

目前机器人的定位主要是采用激光雷达导航、视觉导航及惯性导航等形式。各种定位形式都有其各自的优缺点。例如激光雷达导航精度虽然较高，但是其研发和制作成本较高，且只能作用于二维平面；而视觉导航虽然能够获取更多的现场环境信息，但是其对处理器的技术要求也更高，并且容易受光照影响，所以在定位系统的选择和调整上仍然需要改进和提高。

（3）系统整合方面能力欠缺

智能建筑内部的各个智能系统缺乏统一的整合，包括在各个通信、楼宇、办公和消防安保等智能系统之间缺乏必要的互通互联。

（4）管理人员队伍不匹配

随着建筑的逐渐智能化，对物业等相关管理人员的要求也不断提高，但是在实际条件下，这个要求较难实现，毕竟对人员要求的提高就意味着人力资源成本和运营管理成本的提高。

（5）缺乏高效统一的行业云平台

在当前的建筑环境下，绝大多数的智能建筑还停留在硬件、软件分开单独收费的阶段，而缺少一个信息化建设的统一行业云平台，因此管理和运行效率相对低下。

（6）相关方案的建设成本高

一些特殊的建筑类型，如果采用建筑机器人及智能装备进行建造，成本会偏高。比如一套私人定制的智能建筑，因为其个性化需求较多，建筑的特殊性很大，很难从其他的智能建筑方案中复制，必须根据客户的个性化需求做定制化开发。因此整个建造过程下来不管是前期设计还是后期运营维护成本都相对较高。

 任务实施

简要说明建筑机器人及智能装备的技术模式的不足。

学习小结

建筑机器人及智能装备在发展过程中的限制因素主要包括技术模式问题、智能化程度不够、定位系统需改进、系统整合能力欠缺等方面。

知识拓展

码 6-1-1　建筑机器人及智能装备的应用调查

习题与思考

一、填空题

1. 建筑机器人及智能装备的发展能够补充巨大的 _____ 空缺。

2. 建筑机器人及智能装备的发展能够减少 _____ 事故。

3. 建筑机器人及智能装备发展过程中的主要问题有 _____、

_____、_____、_____、

_____、_____。

4. 由于现场施工环境复杂，因此机器人需要复杂的 _____。

二、简答题

1. 简述建筑机器人及智能装备发展的有利政策和背景。

2. 简述建筑机器人及智能装备发展过程中的技术模式限制因素。

三、讨论题

你觉得建筑机器人及智能装备发展过程中还有哪些有利因素和限制因素？

码 6-1-2　项目 6.1 习题与思考参考答案

项目 6.2　关于建筑机器人及智能装备的思考

教学目标

一、知识目标

1. 了解 BIM 技术在智能建造中的应用探索；

2. 了解建筑机器人及智能装备的创新技术。

二、能力目标

1. 能够说明 FMS 机器人协同管理系统、机器人仿真平台 BIS、BIM-FMS-BIS 集成体系；

2. 能够说明 3D 扫描建模定位导航、工业 AGV 底盘、物料供给数字化等创新技术。

三、素养目标

1. 具备独立思考能力，对建筑机器人及智能装备的发展提出自己的想法；

2. 具备创新思维，对建筑机器人及智能装备的发展提出建设性的想法。

学习任务

了解建筑机器人及智能装备的几种应用探索和创新技术，思考突破路径。

建议学时

1 学时

思维导图

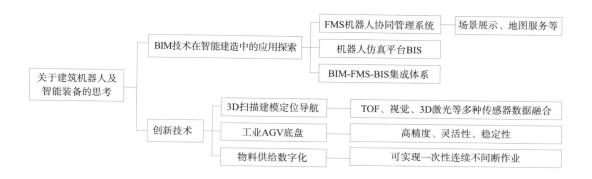

任务 6.2.1　BIM 技术在智能建造中的应用探索

任务引入

BIM 技术可广泛应用于建设项目全生命周期不同阶段。随着新兴技术的进步，BIM 技术在项目建设中的应用逐渐拓宽和深入。本任务主要了解 BIM 技术发展现状，讨论 FMS 机器人协同管理系统、机器人仿真平台 BIS 等建筑机器人施工体系中的应用。BIM 技术在智能建造中的应用具有显著的社会效益及广阔的市场前景。

知识与技能

1. FMS 机器人协同管理系统

基于 Fleet Management System 开发的 FMS 机器人协同管理系统采用对接项目 BIM 数据平台、测量数据平台、仿真系统以及智能排程系统、物料供给系统、智能升降机系统等，为机器人提供施工任务管理、动态路径规划、多设备协同服务，进而完成机器人补料、机器人跨楼层施工作业、机器人清洗及机器人充电等功能。

FMS 机器人协同管理系统核心业务包括：

①场景展示：楼层场景、楼栋场景、项目场景，分层次展示和管理。

②地图服务：编辑地图空间信息、动态生成地图和任意高度地图、设置特征点。

③路径规划：规划作业路径及行走路径，对走廊通道等狭窄区域进行交通管制，提升机器人作业效率和安全性。

④设备管理：机器人注册、资产、状态及计时器管理。

⑤任务管理：任务接收、拆分，机器人分配，多机器人及关联智能系统协同作业；打通智能电梯，机器人作业面不再局限于楼层、楼栋，降低整体作业成本。

⑥数据管理：自动统计作业量、作业时长、作业功效和故障情况，用于分析改进、迭代升级。

2. 机器人仿真平台 BIS（Building Industry Simulation）

机器人仿真平台 BIS 通过对建筑机器人仿真建模，并对接 BIM 模型与 FMS 机器人协同管理系统，为建筑机器人研发与检测提供工艺、功能、性能测试仿真服务，为 FMS 机器人协同管理系统提供计划任务仿真验证服务，包括施工周期模拟、施工计划模拟验证、机器人施工仿真及 3D 场景展示等。该平台可实现多平台兼容，支持跨平台交互运行，测试仿真使用便捷。根据作业数据和机器人数据进行智能评估，生成仿真分析报告，输出仿真结果与优化建议。支持倍速仿真和微观序列仿真多模式，仿真效率高，执行速度快，提升机器人生产效率和需求部门工作效率。模拟突发场景，不受场地控制，安全性高。

3. BIM-FMS-BIS 集成体系

BIM 模型根据计划排程，将 BIM 模型数据及排程工单发送给 FMS，FMS 将机器人计划施工作业任务发送给机器人列队，使多款多台机器人按 FMS 系统规划的路径及设备协同结果实施机器人作业。机器人可将施工现场状态数据实时传回 FMS，再由 FMS 形成改进建议并发送给 BIM 模型。

与此同时，FMS 将 BIM 数据和路径验证需求、机器人施工作业算法及仿真任务等发送给 BIS 机器人仿真平台，BIS 机器人仿真平台根据 BIM 模型输入的施工工序、导航地图、施工物料及质量模型等信息进行路径验证、机器人作业仿真及策略优化，并将仿真及优化结果发送给 FMS。BIS 机器人仿真平台生成仿真分析报告及 3D 模拟展示结果供用户查看使用。

BIM 模型根据计划排程，下发排程工单给 FMS，FMS 分析决策形成备料指令并发送给搅拌站，备料完成后反馈给 FMS，FMS 进行确认前置检查。FMS 发送运料指令给物流机器人并调度智能升降机，生成路径、校准地图，由物流机器人将物料经智能升降机送至施工作业位置。FMS 连接作业机器人，生成作业路径及运动路径，发送施工指令，作业机器人完成作业。物流机器人、作业机器人将工单进度反馈给 FMS，同步形成施工日志、作业报告，并将结果发送给 BIM 模型，实时更新 BIM 模型，形成现实世界中建设项目的"数字孪生体"，即虚拟建造。

 任务实施

简要说明机器人仿真平台 BIS 的作用。

学习小结

BIM 技术在建筑机器人及智能装备中的应用主要包括 FMS 机器人协同管理系统、机器人仿真平台 BIS、BIM–FMS–BIS 集成体系等。

任务 6.2.2　建筑机器人及智能装备的创新技术

任务引入

对于建筑机器人及智能装备的技术限制需要对技术进行不断创新和完善才能解决。

知识与技能

1. 3D 扫描建模定位导航运用于智能建造的创新

通过 TOF、视觉、3D 激光等多种传感器数据融合的方式对房屋进行立体空间的三维测量、墙面平整度的参数化建模、房屋验收质量参数可视化等。在未知环境中各传感器所采集的特征数据没有统一的单位、坐标系向量和相同特征的映射关联关系。需要通过 AI 神经网络算法对各传感器数据进行单位换算，坐标向量的统一，相同特征的自适应拟合，最终基于前期建筑 BIM 模型生成一套数据可量化追溯、评价参数可视化的 3D 建筑模型库。

2. 工业 AGV 底盘运用于建筑行业创新

建筑工地地面质量较差，喷涂作业又需要高精度、灵活性、稳定性。需要设计出一款轻量化、自适应性较高的全地形、多功能底盘。建筑内由于承重和保护的需求，设备单位面积的重量需要控制，移动轮组不能对地面造成破坏性损伤。基于几点要求，底盘设计采用了四舵轮四驱的动力模式，底盘舵轮根据场景需求选择轻型伺服舵轮。伺服舵轮具有重量轻、负载能力强、操控精度高等特点，轮胎选用实心聚氨酯类材质，防滑、耐磨、不损伤地面。

整体底盘设计遵循了结构模块化的设计目标，主要是为了实现较便捷的维护性、可替换性以及较高的集成度；底盘轻量化的设计目标，主要为了便于运输维护，兼容多种场景的适用，同时也为多种执行机构适配提供冗余。通用适配性的设计目标是为了兼容多种上装执行机构，实现一机多用、快速替换叠加。同时底盘提供了多种丰富的对外接口，缩小了适配外部设备的研发调试周期，提高研发的通用性、开放性、适配性、灵活性。

3. 物料供给数字化创新

一套完整的供料检测保障系统，可实现一次性连续不间断作业。该系统具有物料自动混合、缺料检测、物料消耗在线统计、动态调整物料补给率等功能，实现物料供给不间断、不浪费。

 任务实施

简要说明工业 AGV 底盘的作用。

 学习小结

建筑机器人及智能装备的创新技术主要包括 3D 扫描建模定位导航技术、AGV 底盘技术、物料供给数字化等创新技术。

知识拓展

码 6-2-1　对建筑机器人及智能装备的思考

习题与思考

一、填空题

1. FMS 机器人协同管理系统核心业务包括 _____、_____、_____、_____、_____、_____。

2. BIS 平台可实现多平台兼容，支持_____运行，测试仿真使用便捷。

3. 机器人可将施工现场状态数据实时传回 FMS，再由 FMS 形成_____并发送给 BIM 模型。

4. AGV 底盘设计采用了_____的动力模式，底盘舵轮根据场景需求选择轻型伺服舵轮。

二、简答题

1. 简述 BIM 技术在智能建造发展过程中的应用探索。

2. 简述建筑机器人及智能装备的 1~2 种创新技术。

三、讨论题

通过查阅文献和咨询，请说出自己对建筑机器人及智能装备发展的思考。

码 6-2-2　项目 6.2 习题与思考参考答案

附录　学习任务单

	任务名称			
	学生姓名		学号	
	同组成员			
	负责任务			
	完成日期		完成效果	
	教师评价			

自学简述 （课前预习）	
任务实施 （完成步骤）	
问题解决 （成果描述）	

学习反思	不足之处	
	课后学习	

过程评价	团队合作 （20分）	课前学习 （10分）	时间观念 （10分）	实施方法 （20分）	知识技能 （20分）	成果质量 （20分）	总分 （100分）

参考文献

[1] 陈翀，李星，姚伟，等 . BIM 技术在智能建造中的应用探索 [J]. 施工技术，2022，51（20）：104–111.

[2] 马宏，侯满哲，郭全花，等 . 关于建筑机器人的研究 [J]. 河北建筑工程学院学报，2015，33（3）：4.

[3] 许立蘗 . 机器人技术在建筑领域应用前景及问题研究 [A]. 中国土木工程学会总工程师工作委员会 2021 年度学术年会暨首届总工论坛会议论文集 [C]. 施工技术，2021.

图书在版编目（CIP）数据

建筑机器人及智能装备技术与应用 / 江苏省建设教育协会组织编写；解路，邹胜主编；王伟，王婧，李自可副主编 . — 北京：中国建筑工业出版社，2024.2

高等职业教育智能建造类专业"十四五"系列教材

住房和城乡建设领域"十四五"智能建造技术培训教材

ISBN 978-7-112-29521-0

Ⅰ . ①建… Ⅱ . ①江… ②解… ③邹… ④王… ⑤王… ⑥李… Ⅲ . ①建筑机器人—高等职业教育—教材 Ⅳ . ① TP242.3

中国国家版本馆 CIP 数据核字（2023）第 252525 号

本书包括建筑机器人及智能装备概述、结构工程机器人的施工与应用、装饰工程机器人的施工与应用、智能测量机器人的应用、辅助机器人及智能装备的应用、建筑机器人及智能装备的应用展望和思考共 6 个模块。各模块均设置 2~3 个项目，并以任务为驱动，每个任务都包括"任务引入、知识与技能、任务实施、学习小结"等内容，每个项目都配备了习题与思考。

本书知识框架明晰，内容深入浅出、通俗易懂，案例真实典型。本书作为教材使用时，应将重点放在每个类型机器人的工作原理和操作步骤上，理解建筑机器人及智能装备的功能和特点，并掌握机器人及智能装备的操作要领，学会智能建造岗位的工作技能。本书适合作为高等职业院校智能建造、机械自动化等专业的教学用书，也可作为相关从业人员的培训用书。

为了更好地支持相应课程的教学，我们向采用本书作为教材的教师提供课件，有需要者可与出版社联系。建工书院：http://edu.cabplink.com，邮箱：jckj@cabp.com.cn，2917266507@qq.com，电话：（010）58337285。

策划编辑：高延伟
责任编辑：聂 伟　杨 虹
责任校对：赵 力

高等职业教育智能建造类专业"十四五"系列教材
住房和城乡建设领域"十四五"智能建造技术培训教材
建筑机器人及智能装备技术与应用
组织编写　江苏省建设教育协会
主　编　解 路　邹 胜
副主编　王 伟　王 婧　李自可
主　审　周正龙
＊
中国建筑工业出版社出版、发行（北京海淀三里河路 9 号）
各地新华书店、建筑书店经销
北京雅盈中佳图文设计公司制版
天津安泰印刷有限公司印刷
＊
开本：787 毫米 ×1092 毫米　1/16　印张：12¼　字数：273 千字
2024 年 6 月第一版　2024 年 6 月第一次印刷
定价：45.00 元（附数字资源及赠教师课件）
ISBN 978-7-112-29521-0
（42283）